Daniel Meier

Wege zur erfolgreichen Teamentwicklung

Daniel Meier

Wege zur erfolgreichen Teamentwicklung

Mit dem
SolutionCircle
Turbulenzen im Team als Chance nutzen

Ein Werkstattbuch für die Praxis

SolutionSurfers®

Herausgeber und Bestelladresse:
Dieses Buch erscheint im Eigenverlag der SolutionSurfers.
SolutionSurfers®
Unterer Batterieweg
CH - 4053 Basel

Bestellungen gehen am einfachsten über
www.solutionsurfers.com
info@solutionsurfers.com

ISBN 3-8334-0668-2
Umschlaggestaltung: Daniel Küttel, Atelier Küttel, Bünzen
Grafiken: Daniela Kienzler, Luzern

Bibliografische Information der Deutschen Bibliothek
Die Deutsche Bibliothek verzeichnet diese Publikation in der Deutschen
Nationalbibliografie; detaillierte bibliografische Daten sind im Internet unter
http://dnb.ddb.de abrufbar.

Inhalt

Einleitung

von Dr. Gunther Schmidt

In den letzten Jahren ist die Zahl der Veröffentlichungen zum Thema „Team-Entwicklung" / „Team- Beratung", ja auch „Team-Coaching" rapide gestiegen. Dies scheint auf einen großen Bedarf in diesen Aufgabenfeldern hinzuweisen. Die Qualität dieser Arbeiten erlebe ich aber sehr heterogen. Bis heute findet man dabei in den Organisationen, die Beratung nachfragen, aber auch bei vielen Beratungsangeboten noch den Trend, zur Verbesserung der Teamarbeit zunächst detaillierte „Problem-Analysen" vorzunehmen, um die dabei beschriebenen Defizite wirksam zu verändern. Solche, eher linear-kausale Strategien wären für tote Systeme (oder, wie H. von Förster sie genannt hat, „triviale Maschinen") sehr angebracht. Findet man die Ursache (z. B. eine defekte Zündung beim Auto), kann man sie gezielt beheben, das System funktioniert wieder. Lebende Systeme wie z. B. Menschen und Organisationen, die von Menschen gebildet werden, funktionieren aber immer zirkulär, in autonomer, niemals ganz berechenbarer Selbstorganisation, mit komplexen Wechselwirkungen und Feedback-Prozessen, die rückbezüglich wieder verändernd einwirken auf den oder das, was verändern will und auf das, was verändert werden soll. Diese, inzwischen in allen Wissenschaftsbereichen längst belegten Erkenntnisse verändern alle Beratungsprozesse, Interventionsangebote und auch die Rolle sowohl der KundenInnen als auch der BeraterInnen in fundamentaler Weise. Dies dürfte der Hauptgrund sein, weshalb sich z. B. systemisch orientierte Beratungskonzepte in den letzten 20 Jahren so stürmisch verbreitet haben, denn sie erfassen diese Aspekte systematisch.

Nun war aber auch die systemische Tradition zunächst noch eher problemorientiert. Die sog. lösungsfokussierenden Kurzzeit-Beratungs-Konzepte haben hier noch einmal eine wesentliche Umorientierung und Weiterentwicklung gebracht, die zur Zeit quasi unaufhaltsam das ganze Beratungsfeld tiefgreifend umgestaltet. Für das in unserer Kultur vorherrschende gewohnte Denken sind diese lösungsfokussierenden Ansätze eher befremdlich und auch irritierend. Viele können sich nicht vorstellen, dass sie nachhaltige Wirkung bringen können.

Mir selbst ging es so ähnlich, als ich vor ca. 25 Jahren dem Begründer dieser Ansätze begegnete und das Glück hatte, mit und von ihm lernen zu dürfen. Das war Milton H. Erickson, der zuletzt in Phoenix/ Arizona lebte. Er ging konsequent davon aus, dass man sich auf die Kompetenzmuster der Kunden konzentrieren sollte anstatt auf ihre Probleme und die Analyse ihrer vermeintlichen Schwächen. Die entscheidende Basis-Prämisse dabei war und ist, dass die Kunden schon in ihrem Erfahrungsspektrum die Kompetenzen „gespeichert" haben, die sie für ihre Lösungswünsche und Ziele brauchen, selbst wenn sie diese Kompetenzen zur Zeit des Problemerlebens nicht mehr wahrnehmen. Niemand im 20. Jahrhundert hat diese Sichtweisen so konsequent und so meisterhaft formuliert und in seiner Arbeit so systematisch und erfolgreich gelebt und umgesetzt wie Milton Erickson. Auf seinen genialen und bahnbrechenden Arbeiten bauen praktisch alle modernen strategischen, aber auch alle systemisch orientierten Beratungsmodelle auf. Erickson nahm schon in den Jahren ab ca. 1930 die Erkenntnisse der modernen Selbstorganisations-theorie vorweg und setzte sie praktisch höchst effektiv um. Heute bestätigen die Forschungsergebnisse der modernen hirnphysiologischen Forschung, aber auch der Gedächtnis- und Wahrnehmungspsychologie seine Sicht praktisch vollständig. Man spricht heute z.B. vom sog. „Episoden-Gedächtnis". Dies drückt aus, dass wir Erfahrungs-Episoden als neuronale Netzwerke organisieren, die letztlich immer durch Fokussierung von Aufmerksamkeit aktiviert werden und dann das Erleben massiv gestalten. So gesehen „sind" Menschen niemals „stabil" in ihrem Erleben so oder so (z. B. „haben" sie so nicht einen feststehenden „Charakter"), sondern je nachdem, wie und wohin sie ihre Aufmerksamkeit fokussieren, werden sie durch diesen Fokussierungsprozess jeweils etwas anders. Denn dann werden immer wieder andere neuronale Netzwerke in ihnen aktiviert, wodurch eine andere Wahrnehmung und ein anderes Erleben entsteht. Selbst wenn also bestimmte gewünschte Kompetenz-Muster über lange Zeit weder erlebt noch angewendet wurden, heißt dies nur, dass die wirksame Aufmerksamkeit nicht auf sie fokussiert war, keineswegs aber, dass diese Kompetenzen grundsätzlich nicht vorhanden wären. Der Prozess der Beobachtung von Phänomenen kann also niemals ein Bild erbringen, das zeigt, wie die beobachteten Phänomene „echt wirklich" sind (wie man sich dies z. B. von einer Fotografie erhofft). Der Prozess der Beobachtung und die Anwesenheit der Beobachter beeinflussen das, was man beobachten will, immer so intensiv (z.B. durch die Art der Aufmerksamkeits-Fokussierung), dass es prinzipiell unmöglich ist, ein davon „ungetrübtes" Bild zu erhalten. Realität ist also niemals objektiv abbildbar, sondern immer eine Konstruktion derer, die sie beschreiben und erleben. Selbst in der Physik, seit der Entwicklung der Quantenphysik, ist dies längst ein selbstverständlicher alter Hut. Leider hat sich dies in der Welt der Beratung noch nicht so wirksam herumgesprochen.

Denn diese Sichtweisen, die inzwischen ja allgemeinen Konsens in der Wissenschaft finden, verändern das Verständnis von Beratung und auch die Rolle sowohl der KundInnen als auch der BeraterInnen in fundamentaler Weise. Jede „Problem-Analyse" bringt dann natürlich nicht hervor, wie und was das Problem wirklich „ist", sondern fokussiert die Aufmerksamkeit der Beteiligten auf einen denkbaren Sektor, den man dann „Problem" nennt. Diese „Problem-Wirklichkeit" wird so erst richtig gestärkt, ist aber niemals die ganze relevante Wirklichkeit der Beteiligten. Durch Fokussierung auf die „Problem-Wirklichkeit" verändert sich das System in eher problematischerer Weise und gleichzeitig, was noch misslicher ist, wird der erlebbare Kontakt zu durchaus vorhandenen Ressourcen erschwert oder gar verhindert. BeraterInnen haben deshalb quasi die ethische Pflicht, so schnell und intensiv als irgend möglich alle relevanten Beteiligten eines Beratungs-Prozesses dazu einzuladen, so viel Aufmerksamkeit als möglich konsequent auf die Erlebnis-Bereiche (sowohl im individuellen Erleben als auch im interaktionellen Austausch) auszurichten, die Muster der gewünschten Kompetenzen repräsentieren. Tut man dies, zeigt sich so gut wie immer, dass plötzlich genau diese gewünschten Kompetenzen intensiv aktiviert werden und genutzt werden können, selbst wenn sie vorher jahrelang von den Beteiligten selbst nicht wahrgenommen wurden.

Als ich vor ca. 25 Jahren von der Arbeit mit Milton Erickson nach Deutschland zurückkam, versuchte ich sofort und seitdem konsequent, auch mit vielen Veröffentlichungen, im systemischen Feld diese Erkenntnisse populär zu machen. Zunächst wurde das von der Mehrheit als merkwürdige Exotik wahrgenommen. Erst als von weiteren, mehreren Seiten diese Konzepte in einer Art Synergie-Aktion präsentiert wurden, fanden sie nachhaltigere Beachtung. Dabei sind insbesondere die Beiträge von Steve de Shazer und Paul Watzlawick als besonders verdienstvoll und wirksam zu nennen.

Inzwischen können sowohl im klinisch-psychotherapeutischen Bereich als auch in der Organisationsberatung viele Wirksamkeitsstudien eindeutig belegen, dass diese hier beschriebenen Annahmen und Vorgehensweisen nachhaltige, hervorragende Effektivität bewirken. Insbesondere die Annahme, dass in den Systemen und bei den Beteiligten viel mehr Kompetenzen vorhanden sind, als man üblicherweise sieht, kann als bewiesen angesehen werden.

Inzwischen gibt es schon viele Veröffentlichungen, die auf diesen Konzepten aufbauen. Im Bereich der Teamentwicklung aber finde ich bisher viele Arbeiten dazu merkwürdigerweise eher recht oberflächlich und eher in etwas „marktschreierischer" Weise einseitig „positives Denken" anpreisend. Wer mit Teams arbeitet, erlebt aber immer wieder, dass so einfach die Welt nun auch wieder nicht ist und es immer wieder viele Ambivalenzen und Widerstände geben kann, wenn man zu solchen Kompetenz-Fokussierungen einlädt. Weiter reduzieren viele Arbeiten dieses Vorgehen auf wenige, einfache Grundschritte der Kompetenz-Fokussierung, oft auch, ohne die theoretischen Hintergründe und die Wurzeln dieses Denkens überhaupt zu erwähnen. Bei vielen Veröffentlichungen, z. B. zu den Konzepten des „Appreciative Inquiry"- Ansatzes und verwandter Konzepte, gewinne ich leider diesen Eindruck immer wieder. Das finde ich sehr schade, da diese grundsätzlich sehr wertvollen Ansätze so eher an Nachhaltigkeit verlieren.

Das hier vorliegende Buch von Daniel Meier bietet in höchst erfreulicher Weise weit darüber hinausgehende, sehr nützliche Differenzierungen. Es bietet einen sehr gut strukturierten Entwurf, der systematisch für Interessierte die wesentlichen Voraussetzungen, Phasen und Interventionsschritte, welche eine Arbeit mit Teams erfolgreich werden lassen, konkret verstehbar und auch praktisch nachvollziehbar macht. Man spürt die große Erfahrung des Autors in jedem Abschnitt gut durch. Besonders gut gefällt mir dabei, dass er Ambivalenzen und Irritationen, die von KundInnen in einen solchen Beratungs-

Prozess eingebracht werden können, ernst nimmt und als wertvolle Information achtungsvoll für eine Verbesserung der Kooperation mit ihnen erachtet, sie so also auch wieder als Kompetenz behandelt. Hier kommt er den wichtigen Strategien des Erickson'schen Utilisations-Ansatzes sehr nahe, was die Würdigung und Wertschätzung der KundInnen besser möglich macht. Häufig werden in vielen Arbeiten praktisch nur Strategien für den Umgang mit KundInnen beschrieben. Daniel Meier berücksichtigt auch die Prozesse und Bedürfnisse der BeraterInnen sehr aufmerksam. Da eine gelingende Beratung immer nur möglich ist, wenn beide Seiten der Kooperation (also auch die BeraterInnen) optimal ihre Kompetenzen entfalten können, wofür auch ihre jeweils eigenen Prozesse berücksichtigt werden müssen, bietet er so aus systemischer Sicht eine wichtige Bereicherung der üblichen lösungsfokussierenden Arbeiten. Sehr günstig finde ich auch, dass er immer wieder deutlich auf die Unterschiede hinweist, die sich ergeben daraus, ob man diese Konzepte aus der Rolle von BeraterInnen oder z. B. als Führungskraft anwendet. Denn nicht die Technik bringt die Wirkung, sondern erst die dem jeweiligen Kontext gerecht werdende Anpassung der Technik an die eigenen Rollenanforderungen der Anwender. Dies wird häufig vernachlässigt und bringt dann sehr ungünstige Effekte. Mit Daniel Meiers Arbeit lassen sich diese Aufgaben sehr konstruktiv gestalten.

Das bisher hier Gesagte könnte dazu verführen, dass man in einer Beratung quasi einseitig parteiisch wird nur für die Kommunikation von Kompetenz- und Lösungsmustern, weil ja doch diese Kommunikation eben auf die gewünschten Erlebnisbereiche fokussiert und sie so aktiviert. Dabei ist aber aus systemischer Sicht noch eine entscheidende Komponente zu berücksichtigen. Wenn man sich so einseitig für diese Kompetenz-Fokussierung parteiisch macht, könnte in den Augen der KundInnen der Eindruck entstehen, man würde ihre bisherigen Aktivitäten, die eher zu „Problem-Mustern" beigetra gen haben, abwerten und als Inkompetenz werten, auch wenn man das nicht so meint. (Die Bedeutung einer Botschaft bestimmt immer der Empfänger). Dies könnte sogar ungewollt zu Selbstabwertungsprozessen und damit zu Schwächung bei den KundInnen beitragen. Die nächste wichtige Aufgabe und Herausforderung der lösungsfokussierenden Konzepte stellt es deshalb für mich klar dar, dass man auch die Neigung der Menschen, gerne und viel über Probleme zu reden und Defizit-Beschreibungen zu entwickeln, ebenfalls so beschreibt und bewertet, dass auch das als nützliche Kompetenzen verstanden und für eine erfolgreiche Zielentwicklung mit einbezogen werden kann. Denn viel Energie und auch viel Sicherheit gebende Vertrautheit mit solchen Neigungen sind mit Sicherheit in fast jedem System in unserer Kultur zu finden. Hier bieten die Erickson'schen Utilisations- und Pacing-Konzepte hervorragende Voraussetzungen und Chancen. Auch in dieser Frage entdecke ich in Daniel Meiers hier vorliegendem Buch wertvolle Tendenzen, welches es zu einem großen Gewinn für unser Berufsfeld macht.

Dieses Buch hat eine große Breitenwirkung verdient. Ich wünsche ihm und dem Autor, mit dem ich zu meiner Freude in von mir angebotenen Weiterbildungen ebenfalls arbeiten konnte, den verdienten großen Erfolg.

Dr. med. Dipl. rer. pol. Gunther Schmidt
Leiter des Milton-Erickson-Instituts Heidelberg

Vorwort

„Der Lösung ist es egal,
warum das Problem entstanden ist."
W. Herren

So paradox dieses Zitat von W. Herren im ersten Moment wirken mag, so kraftvoll ist es als Prinzip der Konfliktbewältigung in Teams. Wenn sich Mitarbeitende streiten, die Zusammenarbeit im Team nicht recht funktioniert oder gemeinsame Veränderungsprozesse ins Stocken geraten wird meist erst sorgfältig analysiert, Ursachen gesucht und oft werden Schuldige dafür ausgemacht. Sitzungen und Besprechungen stehen oft im Zeichen ausgiebiger Problemanalysen.

Der SolutionCircle stellt diese Vorgehensweise und den dahinter stehenden Denkansatz auf den Kopf und zeigt einen Weg auf, wie effizienter und erfolgreicher im Team gearbeitet werden kann.

Dieses Buch ist eine Einladung

Eine Einladung an Sie, sich mit einer einfachen, aber wirkungsvollen Vorgehensweise auseinander zu setzen, um mit Teams in kurzer Zeit nachhaltige Entwicklungsschritte zu gehen — und dies auch in turbulenten Situationen. Diese Vorgehensweise — der SolutionCircle — stellt in vielerlei Hinsicht einen Paradigmawechsel bezüglich der Arbeit mit Gruppen dar:

Wird in schwierigen Situationen zumeist in erster Linie nach dem „Warum" und „Weshalb" gefragt, so interessieren wir uns im SolutionCircle für das „Wohin"!

Wird in herkömmlichen Vorgehensweisen viel Zeit und Energie für die fundierte Problemanalyse verwendet, konzentrieren wir uns konsequent auf die Erfolgserlebnisse in der Vergangenheit, um darauf Lösungen aufzubauen.

Wurde bisher hauptsächlich versucht, Defizite im Team zu eliminieren, suchen wir im SolutionCircle Entwicklungsschritte auf den vorhandenen Fähigkeiten und Kompetenzen aufzubauen.

Entstanden ist der SolutionCircle in meiner Praxis als Coach. Durch Aufträge von Unternehmen herausgefordert, die mir kaum Zeit gaben, mit Teams in schwierigen Situationen zu arbeiten, habe ich nach Formen und Methoden gesucht, die mit wertschätzender Haltung und nachhaltiger Wirkung komplexe Teamsituationen bewältigen konnten. Auf der Suche nach einer geeigneten Vorgehensweise sind mir folgende Punkte wichtig gewesen:

*   Mich interessierten weniger theoretische Modelle als konkrete, praxiserprobte Vorgehensschritte, wobei ich nach Wegen suchte, die funktionierten und sich im konkreten Alltag der Teams als hilfreich erwiesen.

*   Mir war wichtig, Werkzeuge einzusetzen, die in kurzer Zeit die Energien im Team auf die Lösung zentrierten. Schon allzu oft habe ich Situationen erlebt, in denen einzelne oder ganze Gruppen von Menschen im Leiden und Klagen verweilten. Teamsitzungen und Pausen wurden verwendet, die Unzulänglichkeiten und Missstände aufzulisten – doch der entscheidende Schritt zur Lösung hin wurde nicht gegangen. Oder ich erlebte Teams, die vor entscheidenden Veränderungssituationen standen, aber in Reglosigkeit verharrten – etwas resigniert wollten sie möglichst alles beim Alten belassen.

*   Ich suchte nach Möglichkeiten, mehr mit dem Team zu erreichen, als „nur" eine schwierige Situation zu bewältigen oder Probleme zu lösen. Genau in diesen turbulenten Situationen liegt eine gewaltige Chance zur Weiterentwicklung des Teams. Und diese Chance soll mit der gewählten Vorgehensweise genutzt werden!

*   Ich hielt Ausschau nach einer einfachen und einsichtigen Methode, darauf bedacht, keine Vorgehensweise anzuwenden, die nur mit sehr viel Fachwissen eingesetzt werden konnte. Ich schaute mich nach Werkzeugen um, die von jedem Teamleiter, jeder Abteilungsleiterin und auch von Teammitgliedern selbst wirkungsvoll in unterschiedlichen Situationen eingesetzt werden können.

*   Und ich war brennend daran interessiert, dass die Arbeit mit dem Team Resultate zeigte, die auch umgesetzt werden können. Vor meinem geistigen Auge sehe ich dutzende von Karten mit Teamregeln, Teamanalysen und daraus abgeleiteten Massnahmen. Ich habe viele Workshops zu Teamentwicklung, Performancesteigerung und Kriseninterventionen als

Teammitglied und als Teamleiter erlebt – doch wenn ich an all die Flipcharts mit all den Massnahmen denke, und was davon umgesetzt wurde,
ist die Ausbeute eher mager. Aus diesem Grunde wollte ich herausfinden, wie es gelingen kann, dass Teams sich wirklich gemeinsam in eine
gewünschte Richtung, hin zu ihren Zielen, bewegen.

Das Kurzzeit-Beratungsmodell

Die Grundlagen meiner Vorstellungen fand ich im lösungs- und ressourcenorientierten Arbeitsmodell, das in Milwaukee (USA) im „Brief Family Therapy
Centre, BFTC" von Steve de Shazer und Insoo Kim Berg entwickelt wurde.
Als Familientherapeuten suchten sie nach Möglichkeiten, Paaren bei gleichem
(oder besserem) Erfolg zu helfen – allerdings in viel kürzerer Zeit! Durch
die Konzentration auf die Problemlösungen konnten sie die durchschnittli-
che Konsultationszeit um über 70 % senken – bei gleicher Erfolgsquote wie
herkömmliche Therapieformen. In ihren Gesprächen standen nicht ausgefeil-
te Theoriemodelle im Zentrum, sondern die sorgfältige Analyse von in der
Praxis bereits bewährten Funktionsweisen. Verschiedenste Gespräche und
Interventionen wurden laufend beobachtet und nach einem zentralen Blickwinkel ausgewertet: Welche Fragen und Eingriffe zeigten nützliche Ergebnisse im Leben der Kunden? Das lösungsorientierte Arbeitsmodell wurde demzufolge aufgrund von Forschungsarbeiten zur Frage der Wirksamkeit von Beratung entwickelt. Auf Basis dieser Art der Gesprächsführung erfolgte im Laufe der letzten Jahre eine Weiterentwicklung nicht nur in der Therapie, sondern
auch für das Coaching von Einzelpersonen in Unternehmen, und sie bildet die
Grundlage für die hier beschriebene Art der Arbeit mit Teams.

Der SolutionCircle

Ich habe mich entschlossen, diese Methode, die im Folgenden vorgestellt werden soll, „SolutionCircle" zu nennen. Dieses Etikett und der dahinter ste-
hende Ansatz baut auf der Entwicklung einer klaren, realitätsnahen Vorstellung der erwünschten Teamzukunft auf: eine gemeinsame Zukunftsvorstellung, die ein spannendes, effektives, lustvolles und zielorientiertes Arbeiten

verspricht. Wir richten uns dabei konsequent nach den angestrebten Zielen aus – und nicht nach den Problemen, die uns daran hindern könnten, dorthin zu gelangen! Um dies zu erreichen, ist es ganz zentral, mit den vorhandenen Ressourcen – die den Boden darstellen, auf dem die erwünschte Zukunft wachsen kann – zu arbeiten, sie zu erkennen und zu beleuchten.

Ich wollte ein kleines Buch schaffen, das einen guten Überblick über die Methode gibt, ein Buch, das Sie als Leserin und Leser mit verhältnismässig geringem Zeitaufwand lesen können und Ihnen helfen soll zu entscheiden, ob Sie sich mit dem SolutionCircle vertiefter auseinander setzen möchten. Ich hoffe, es wird diesem Ziel gerecht. Zum einen wünsche ich mir, dass es Sie und andere Menschen anregt und inspiriert, einzelne Elemente des SolutionCircles im Alltag einzusetzen, zum anderen, dass Sie – bei Ihren ersten vorsichtigen Versuchen mit dem SolutionCircles zu arbeiten – einige wirkliche Sternstunden erleben dürfen und sich darauf mit Begeisterung und Freude vertiefter mit dieser Vorgehensweise beschäftigen werden.

Tipps und Tricks

In den nachfolgenden Kapiteln finden Sie das „Handwerkszeug" dazu: Die vier Grundprinzipien werden vorgestellt, jedes einzelne Element erklärt, die wichtigen Werkzeuge erläutert. Viele Beispiele aus der Praxis illustrieren, wie die Vorgehensweise wirken kann. Dieses Buch ist als Werkstattbuch konzipiert, das Ihnen hilfreiche Tipps und Tricks liefert. Doch Tipps und Tricks stellen kein Allheilmittel dar – schon alleine, weil Menschen nicht so reagieren wie Maschinen. Ein Fingerzeig kann bei einem Team wunderbar passen – in einer anderen Situation jedoch gar nicht. Menschen sind in ihren Reaktionen oft unberechenbar und reagieren in unterschiedlichen Situationen anders. Wenn Sie also blindlings die hier vorgestellten Tipps und Tricks anwenden, könnte es durchaus geschehen, dass Sie plötzlich am Ende ihres Lateins ankommen – ganz einfach, weil der Trick nicht funktioniert.

Ihr Tun sollte Ihnen entsprechen, Ausdruck Ihrer Haltung und Überzeugung sein. Ansonsten könnten Sie als jemand entlarvt werden, der nicht meint, was er sagt. Alles, was Sie aufgrund der Lektüre dieses Buches für sich ableiten und schliesslich tun, sollten Sie zu etwas machen, das zu Ihnen passt.

Viel Spass mit diesem praxisorientierten Buch. Nutzen Sie es, um die lösungs-orientierte Arbeitsweise genau dann in Teams zu tragen, wenn es darum geht, Fortschritte in eine gemeinsame Richtung zu erzeugen. Experimentieren Sie mit den lösungsentwickelnden Fragen, oder nutzen Sie kreativ einzelne Elemente des SolutionCircles in Abteilungssitzungen. Fangen Sie einfach klein an. Seien Sie gespannt auf das, was passiert. Am Ende ist es Ihre eigene Erfahrung, die zählt. Dieses Buch ist eine Einladung – ich hoffe, Sie nehmen Sie an und es wird Ihnen dabei gehen wie mir: Dann werden Sie in der Anwendung mutiger, dynamischer und neugieriger; Sie werden neue Handlungsspielräume entdecken und mit Ihrem Team erfolgreicher Ziele erreichen.

Bremgarten, im Januar 2004
Daniel Meier

1. Gut zu Wissen

„Shoot for the moon.
Even if you miss it
you will land among the stars."
Les Brown

Sie führen ein Team und suchen nach wirkungsvollen Möglichkeiten, Ihre hoch gesteckten Ziele zu erreichen.

Sie erkennen Konflikte oder Spannungen im Team, die Sie angehen möchten.

Spass, Dynamik und Engagement sollen wieder Einzug halten. Dabei wünschen Sie sich ein Vorgehensmodell, mit dessen Hilfe Sie innerhalb kurzer Zeit, die anstehenden Fragestellungen nachhaltig bereinigen können.

Ihr Team steht vor einem Veränderungsprozess (oder mittendrin?). Sie suchen Werkzeuge, um diese Entwicklung erfolgreich zu gestalten.

Sie übernehmen ein neues Projekt. Der Erfolgsdruck ist hoch – die Zeit jedoch knapp. Sie suchen nach einem Arbeitsprinzip, mit Ihrer Projektgruppe von Beginn an konsequent resultatsorientiert zu arbeiten.

Sie wollen Ihren Teammitgliedern mehr Selbstverantwortung übergeben und wünschen sich dadurch vermehrtes unternehmerisches Mitdenken.

Für diese und ähnliche Situationen ist der SolutionCircle eine praxiserprobte und wirkungsvolle Vorgehensweise. Sie ermöglicht Ihnen im Teamalltag, sowohl die Energien als auch die Zeit konsequent für die Lösungsentwicklung zu nutzen. Anstatt Schuldige zu suchen und weiter zu klagen, zu jammern oder die Zeit für defizitorientierte Analysen zu verwenden, finden Sie hier die Werkzeuge, die zu nachhaltigen, dynamischen Lösungen führen. Einerseits kann die Methode eingesetzt werden, turbulente Situationen im Team in speziellen Workshops zu bearbeiten. Andererseits sind die einzelnen Elemente so flexibel, dass sie auch im Teamalltag, in Meetings und Projektsitzungen Verwendung finden und dabei zur Effektivitätssteigerung der Sitzungen beitragen.

Der SolutionCircle zur Bewältigung von turbulenten Situationen im Team

Mit dem SolutionCircle können Sie Teams unterstützen, Wege aus komplexen Spannungssituationen zu finden. Diese Vorgehensweise besteht aus acht Elementen, mit deren Hilfe Sie einen oder mehrere Workshops zur Erzielung umsetzbarer Lösungen gestalten können. Sie lernen die vielseitig einsetzbaren Werkzeuge kennen, die es ermöglichen, den Weg erfolgreich zu begehen. Spannungen im Team, Konflikte oder Leerläufe in der Zusammenarbeit können so bearbeitet werden.

Der SolutionCircle im Alltag von Teams

Als Teamleiter oder Projektleiterin werden Sie sich immer wieder mit kleineren und grösseren Problemstellungen konfrontiert sehen. Als Vorgesetzter können Sie die hier beschriebenen Elemente in verschiedenen Team-Meetings anwenden. Die Werkzeuge unterstützen Sie, lösungsorientiert vorzugehen – beispielsweise bei der Zieldefinition von Projekten, der Bearbeitung von Fragestellungen in der Abteilungssitzung, zur Verbesserung des Kommunikationsverhaltens im Team, bei Qualifikationsgesprächen oder in der Auftragsklärung.

Auch die Teammitglieder finden sich in unruhigen bis stürmischen Situationen wieder, sei es als Beteiligte oder als Zuhörer/Aussenstehende. Selbstverständlich können sie ebenfalls den Blick auf die Lösung einbringen, als eine Art „Agent for Solutions" walten und damit als ein Teil der Lösung fungieren – anstatt als Teil des Problems. Die hier beschriebenen Werkzeuge zeigen auf, wie mit einfachen Fragen viel zur Lösungsfindung beigetragen werden kann. Manchmal bewirkt eine gezielte, auf die Lösung fokussierte Frage, zur richtigen Zeit gestellt, wahre Wunder.

Der Leitgedanke des SolutionCircles

Die herkömmlichen Methoden, mit denen in Teams gearbeitet wird, gehen in der Regel davon aus, dass man in Problemsituationen erst das Problem genau analysiert, damit bei zwischenmenschlichen Spannungen erst „alles auf

den Tisch kommt, was die Beteiligten stört". Fragt man die Workshopteil-
nehmer zu Beginn des Meetings, von dem man sich Klärung für eine bessere
Zusammenarbeit verspricht, was sie sich wünschen, hört man oft, dass „die
Dinge offen und klar ausgesprochen werden sollten" – in dieser oder ähnlicher Formulierung. Dabei geht es ihnen um das Ansprechen von Defiziten,
das Analysieren von Fehlern und Schwächen. Die Idee, dass erst ein reini-
gendes Gewitter nötig ist, bevor konstruktiv an Lösungen gearbeitet werden
kann, scheint tief in uns verwurzelt zu sein.

Auch zu den theoretischen Grundpfeilern des Change Managements gehört
es, dass die Diskrepanz zwischen Ist und Soll deutlich herausgearbeitet werden muss. Die Diskrepanz muss aufgezeigt werden, damit alle verstehen, wo
die wirklich schwerwiegenden Probleme liegen. Und diese werden dann möglichst fundiert analysiert: Woher kommen sie? Wer hat sie verursacht? Auf
welchen Defiziten beruhen sie? Die Ergebnisse dieser Analyse werden allen
Personen im Unternehmen präsentiert. So erhofft man sich, auch die letzten
Mitarbeitenden davon zu überzeugen, dass wirklich schwerwiegende Probleme bestehen. Sie werden so im Change Prozess „aufgetaut" oder „geknackt",
damit sie bereit sind, sich zu verändern.

Diese Ansätze haben durchaus ihre Berechtigung und werden vielerorts mit
Erfolg angewendet. Die Vorgehensweise des SolutionCircles stellt dem jedoch einen anderen Denkansatz entgegen. **Der zentrale Leitgedanke des
SolutionCircles heisst: Veränderungen geschehen nachhaltiger, dynamischer und effektiver, wenn sie auf Stärken aufbauen.** Der SolutionCircle lebt von der Vorstellung, dass das gemeinsame Erforschen der
Potenziale, das Beleuchten der aussergewöhnlichen Erfolgserlebnisse und die
konstruktive Arbeit an gemeinsamen Zielen – die Vorstellung also von einer
lebendigen, positiven, lösungs- und ressourcenorientierten Veränderung – zu
schnelleren, demokratischeren und nachhaltigeren Veränderungen führt, als
die an Defiziten orientierte Untersuchung der fehlerhaften und problemati-
schen Umstände. Darum spielt das genaue Verstehen von Problemen oder
die Analyse von Defiziten eine untergeordnete Rolle.

Grundsätzlich nehmen wir uns selbst, andere Menschen, Teams und Organisationen in zweierlei Weise wahr: Zum einen können wir uns und andere als
Wesen verstehen, die mit Mängeln und Defiziten behaftet sind – also grund-

sätzlich als unvollkommen und fehleranfällig. Dann sehen wir vor allem, was im Team nicht stimmt oder was falsch läuft. Wir erkennen sofort und scharf die Defizite. Sie kennen das vielleicht? Es gibt Teams, die haben es sich zur Kultur gemacht, zielsicher jede Schwäche lautstark zu bemängeln – dies geht oft so weit, dass rein gar nichts mehr, egal, woher es kommt, als positiv erachtet wird. Es wird gestänkert, süffisant gelächelt und geklagt. In der Kaffeepause, auf dem Gang, vor und nach Besprechungen erzählt man sich die neusten haarsträubenden Geschichten, die eben erst passiert sind, und jammert über den ewigen Zeitdruck, die knappen Mittel, die unmöglichen Arbeitsbedingungen, die schwierigen Arbeitskollegen. In diesem Jammertal gehen nach und nach Dynamik, Freude, Innovation, Experimentierlust und auch die Leistungsbereitschaft verloren.

Zum anderen können wir in uns selbst, in anderen Menschen und in Teams grosse Fähigkeiten und Ressourcen erkennen – Potenziale, die so umfassend sind, dass wir sie kaum abschätzen können.

In der Regel tendieren wir zur ersten Sichtweise. Oft werden die Mängel gesehen und kaum die unglaublichen Möglichkeiten. Und wir neigen dazu, das Negative, das wir ja durchaus erleben, dermassen aufzublähen, dass wir dabei all die positiven Erlebnisse, die für unser Leistungsvermögen stehen, nicht mehr erkennen können. Damit schränken wir unsere Möglichkeiten ein! Anstatt die Zukunft aktiv zu gestalten, verwenden wir unsere Zeit, die Vergangenheit zu beklagen.

Der SolutionCircle baut auf der Grundannahme auf, dass jeder Mensch, jedes Team und jede Organisation ein viel grösseres Potenzial besitzt, als ihnen in der Regel bewusst ist. Diese Kraft blitzte in der Vergangenheit immer wieder auf – mindestens punktuell, manchmal auch über längere Zeit. Der SolutionCircle arbeitet mit dieser Kraft der Potenziale und Kompetenzen. Blicken wir im SolutionCircle rückwärts in die Vergangenheit, suchen wir nicht nach Fehlern oder nach Defiziten, sondern erkunden die Kompetenzen des Teams und suchen nach Erfolgserlebnissen. Diese Kraft ist die Basis, auf der Lösungen für anstehende Fragestellungen aufgebaut werden.

Speziell in Konfliktsituationen entstehen bei den Beteiligten unglaubliche Energien, die meist nicht konstruktiv genutzt werden. Viele Teams verwenden Sitzung nach Sitzung, um Probleme zu wälzen sowie Unzulänglichkeiten und

Missstände aufzulisten – doch der entscheidende Schritt hin Richtung Ziel wird nur zögerlich eingeleitet. Wie viel Energie wird auf diese Weise vertan? Wie viel Effizienz geht verloren? Die Kunst liegt darin, diese Energien zu bündeln und sie für die Gestaltung der gemeinsamen Zukunft zu verwenden. **Ein Team ist nicht ein Problem, das analysiert und gelöst werden muss, sondern ein Potenzial, das entfaltet werden will.**

Die Chance in turbulenten Teamsituationen

Die Art und Weise, wie Menschen zusammenarbeiten, kommunizieren, sich austauschen und dadurch Schnittstellen zu Nahtstellen werden lassen, trägt ganz entscheidend zum Erfolg von Unternehmen und Organisationen bei. Teams sind dabei in einer exponierten Situation: Ihnen überträgt man zentrale und oft heikle Aufgaben. Die Unternehmensleitung setzt sehr hohe Erwartungen in die Wirkungskraft von Projektteams und Abteilungen. Unter diesem Druck ein Team erfolgreich zu führen, stellt keine einfache Aufgabe dar. Vieles muss gleichzeitig bedacht werden. Darüber hinaus ist die Teamdynamik oft unberechenbar. Gerade in hektischen Zeiten sind darum Turbulenzen im Team häufiger, als einem lieb sein kann.

Leben heisst sich wandeln, in Bewegung sein. Da sich ein dynamisches, lebendiges Team fortwährend wandelt und verändert, sind schwierige Situationen eher die Regel als die Ausnahme. So geht es für das Team weniger um die Verhinderung solcher Konflikte als vielmehr darum, wie gut man es schafft, mit diesen Situationen im Alltag umzugehen beziehungsweise wie man sie als Ausgangspunkt für die eigene Weiterentwicklung nutzen kann. Spannungs- oder Konfliktsituationen werden in der Arbeit mit dem SolutionCircle als Zwischenstationen für neue Entwicklungsschritte gesehen. Es geht also nicht einfach darum, „Konflikte zu bewältigen" oder „Probleme zu lösen". Die lösungs- und ressourcenorientierte Vorgehensweise eröffnet die Chance, Spannungssituationen zur Weiterentwicklung des Teams zu nutzen, Turbulenzen als positives Zeichen von Leben zu sehen. Eine turbulente Situation im Team verkörpert auch stets den Ausgangspunkt für einen gemeinsamen Schritt in die Zukunft.

23

Beispiele für Situationen, in denen der SolutionCircle eingesetzt werden kann:

- Ein Team will weiter zusammenwachsen, die neuen Mitglieder besser integrieren und die Leistungsfähigkeit steigern.

- Zwischen einzelnen Teammitgliedern haben sich Spannungen aufgebaut, die die gegenseitige Kommunikation extrem erschweren. Das Team möchte eine neue Kultur der Zusammenarbeit aufbauen.

- Die neunköpfige Geschäftsleitung will eine gemeinsame Führungskultur erarbeiten. Spannungen ergeben sich durch die unterschiedlichen Erwartungen aneinander.

- Ein IT-Projektteam stösst mit grosser Regelmässigkeit an immer wieder ähnliche Problemstellungen.

- Eine Versicherung will die Konflikte zwischen Innen- und Aussendienst lösen und die Abläufe optimieren.

- In einem Krankenhaus ist die Zusammenarbeit zwischen Pflegerinnen und Ärzten zu beklagen.

- Ein Team von Lehrpersonen will ihre Sitzungskultur optimieren.

Die Liste liesse sich nahezu beliebig verlängern. Dadurch, dass der SolutionCircle nicht ein stures Vorgehen darstellt, sondern aus verschiedenen Elementen besteht, die einzeln oder in passender Reihenfolge eingesetzt werden können, gibt es viele Situationen im Teamalltag, die durch den Einsatz dieser Elemente wirkungsvoller und lebendiger gestaltet werden können. In Teamsitzungen, Projektstandssitzungen, Meetings mit Kunden oder Reportings ist es möglich, mit den Elementen des SolutionCircles nachhaltig zu Lösungen zu kommen. In diesem Zusammenhang geht es immer darum, dass sich Menschen gemeinsam eine bessere Zukunft schaffen wollen und dabei „auf etwas hin" statt „von etwas weg" arbeiten.

Wenn hektische Teamsituationen mit dem SolutionCircle bearbeitet werden, ergeben sich daraus mehrere Vorteile:

- Das Erkunden von vergangenen Erfolgserlebnissen resuliert in einem positiveren Selbstbild. Aha-Erlebnisse entstehen: „Oh, wir sind ja gar nicht so schlecht, wie wir dachten!"

- Es wird deutlich, welches Potenzial im Team steckt und wie dieses für die Zukunft genutzt werden kann. Es entstehen neue Bilder, was noch aus diesem Team werden kann. Eine Vision entsteht, die auf den Ressourcen des Teams aufbaut.

- Die Vorgehensweise schafft Vertrauen und nimmt die Angst blossgestellt, kritisiert oder verurteilt zu werden.
- Die entstehenden Zukunftsentwürfe und Ziele fussen auf den Ressourcen im Team. Die Zuversicht bei den Beteiligten, dass die vereinbarten Massnahmen umsetzbar sind, steigt, da Elemente davon in der Vergangenheit schon gelebt wurden. Dadurch erhöht sich die Umsetzungsrate der vereinbarten Massnahmen.
- Zeit und Energien werden auf die Lösungsentwicklung und deren Umsetzung konzentriert. Dies spart Zeit.
- An den Stärken zu arbeiten, stärkt uns. Dies motiviert die Beteiligten und macht Freude. Sie werden sichtlich lebendig und aktiv.
- Durch die Konzentration auf die vorhandenen Ressourcen entstehen eine vertiefte Teamidentität, grössere Arbeitszufriedenheit und Leistungsbereitschaft sowie, was leider oft vergessen wird, ein Umfeld, in dem Lernen, kollektives und individuelles Lernen, möglich wird.
- Es wird klar, dass nicht alles verändert werden muss. Vieles funktioniert bereits gut und soll beibehalten werden. Das Gute in der Vergangenheit verdient Würdigung.

Arbeit im Dreieck von Leistung – Freude – Lernen

Wer ein Team führt, will dies erfolgreich tun. Erfolg wollen alle. Oft wird dies ausdrücklich ausgesprochen, manchmal als selbstverständlich angenommen. Doch Erfolg zeigt sich in den unterschiedlichsten Ausprägungen. Fragen Sie Ihre Mitarbeiterinnen und Mitarbeiter – Sie werden die verschiedensten Antworten bekommen: Geld, Befriedigung, Ziele erreichen, Projekte abschliessen, Spass haben, Ansehen usw. Alle im Team möchten erfolgreich sein, doch selten wird darüber gesprochen, was eigentlich als gemeinsame Elemente des Erfolges betrachtet wird.

Aus Sicht der Unternehmen wird Erfolg immer an das Betriebsergebnis gekoppelt. Das Team wird an der Leistung gemessen, die es vollbringt. Das Betriebsergebnis zählt zu den Rahmenbedingungen und ist nicht verhandelbar. Das heisst, ohne betrieblichen oder wirtschaftlichen Erfolg nutzt der Gruppe, die einen Auftrag auszuführen und eine Leistung zu erbringen hat, gute Teamarbeit wenig.

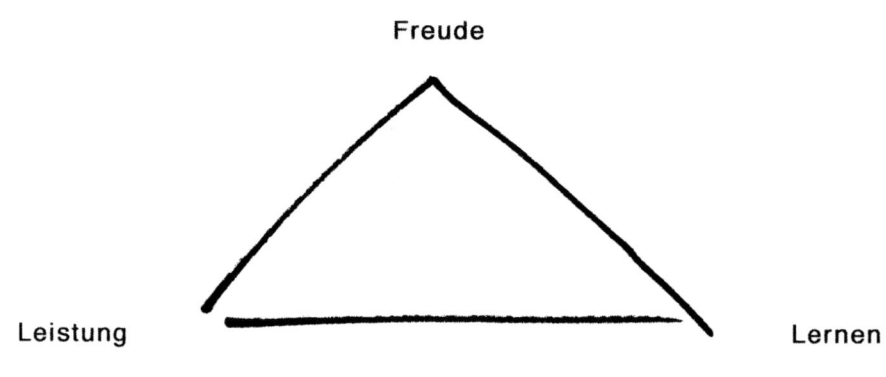

Arbeit im Dreieck von Leistung - Freude - Lernen

Was bedeutet „erfolgreiche Teamarbeit" im Zusammenhang mit dem SolutionCircle? Die Leistung des Teams stellt dabei nur einen Faktor dar. Tim Gallwey beschreibt in seinem Buch „Erfolg durch Selbstcoaching"[1], wie die bei-

---

1   W. Timothy Gallwey, Erfolg durch Selbstcoaching, 2002, BW Bildung und Wissen Verlag und Software GmbH, Nürnberg

den anderen Faktoren, nämlich „Freude an der Arbeit" und „Lernen während der Arbeit", die Leistung beeinflussen – und umgekehrt. **Ohne Lernen und Freude bei der Arbeit leidet die Leistung.** Meist ist es jedoch so, dass sich die Vorgesetzten bei abnehmender Leistung bedroht fühlen und als Antwort darauf noch stärker auf Leistung drängen. Der Raum für Freude und Lernen wird infolgedessen geringer. Der dadurch entstehende Teufelskreis verhindert, dass das volle Leistungspotenzial ausgeschöpfte werden kann.

Das Alltagsseminar

Erfolgreich kann ein Team auf die Dauer nur sein, wenn jeder Einzelne die Möglichkeit besitzt, während der Arbeit zu lernen, Neues zu entdecken und seine Kompetenzen im Alltag zu erweitern. Nutzte man früher das vorhandene Wissen, um profitable Ergebnisse zu erzielen, wird heute Arbeit als Prozess gesehen, bei dem sich die eigenen Fähigkeiten entfalten können, während man Ergebnisse produziert, um künftig noch bessere Ergebnisse zu erreichen. Spitzenleistungen in der Arbeitswelt entstehen, wenn Teams jede Gelegenheit zu lernen wahrnehmen und damit ihre ständige Weiterentwicklung sichern. Kundenbedürfnisse, Marktsituationen, Unternehmensstrategien oder Konkurrenzprodukte ändern sich in unglaublich schneller Zeit - nur wenn sich ein Team agil und leichtfüssig in diesem, sich verändernden Umfeld bewegt, kann es die nötige Leistung erbringen.

Die besten Gelegenheiten zu lernen, bietet der Alltag: Der Kunde kann uns das Verkaufen lehren, die Mitarbeiterin das Führen, mein Kollege die Kooperation. Keine Weiterbildungsveranstaltung kann so gut wie der Berufsalltag sein, keine so praxisnah und uns gleichzeitig fördern und fordern. Diese „Fortbildung der Alltagserfahrung" hat offene Türen, denn jedem bleibt es selbst überlassen, daran teilzunehmen und auch wieder zu gehen. Sie wartet geduldig auf unsere Rückkehr und gesteht uns immer die Wahlfreiheit zu, ob wir bewusst oder unbewusst sein wollen, aufmerksam oder unachtsam, lernen wollen oder nicht. Um in der heutigen schnelllebigen Zeit bestehen zu können, ist die Bereitschaft zum Lernen sowohl für den Einzelnen als auch für das gesamte Team von grosser Wichtigkeit.

Aus diesem Grunde spielt in der Arbeit mit dem SolutionCircle Lernen eine zentrale Rolle. Allerdings weniger das eher klassische Schullernen, bei dem es oft nur um die Verminderung von Fehlern oder um das Ausmerzen von Defiziten geht. Im Gegensatz dazu versuchen wir, die Erfolge zu vermehren. Erfolgserlebnisse werden nach Faktoren untersucht, die die bisherigen Resultate positiv bestimmten. Dieses neu gewonnene Wissen wird auf anstehende Situationen übertragen, wodurch selbst in sich schnell verändernden Situationen ausgezeichnete Leistungen erbracht werden können. Dabei stehen nicht Theorien oder Modelle im Zentrum dieses Lernens, sondern die reflektierte Alltagserfahrung der einzelnen Teammitglieder.

Spass und Freude an der Arbeit

Weit verbreitet scheint die Ansicht, dass Arbeit wenig bis keinen Spass machen kann. Manche Menschen vertreten sogar die Ansicht, dass Arbeit heute automatisch mit Stress und Überlastung gleichzusetzen ist. Ansonsten würde man die Arbeit zuwenig ernst nehmen. So verwundert es keinesfalls, wenn die meisten Menschen, wenn sie wählen könnten, sich lieber für Urlaub als für Arbeit entscheiden würden. Im Urlaub ist das Leben sorglos, spassig, frei von Verpflichtungen, während die Arbeit als Mühsal angesehen wird.

Wir empfinden irgendetwas bei der Arbeit: Unsere Gefühle pendeln zwischen Leid und Ekstase, wir empfinden etwas zwischen absoluter Leere und völliger Erfüllung. Irgendwo auf dieser Skala befinden wir uns. Die Frage ist lediglich: Wo stehen wir, und in welche Richtung bewegen wir uns?

Den meisten Menschen ist aus eigener Erfahrung bewusst, dass sie besser arbeiten, wenn sie sich wohl fühlen. Freude oder „Arbeiten in Zufriedenheit" beeinflusst ganz direkt die Leistung und das Lernen. Zugegeben, einfach ist es nicht, Spass bei der Arbeit zu haben: Vielleicht taucht ein Problem nach dem anderen auf; Menschen, auf die wir uns verlassen haben, mögen uns enttäuschen; wir können Geld verlieren, der Markt kann einbrechen; vielleicht sind die Firmenchefs widerliche Typen. Die Liste der Dinge, die uns die Freude an der Arbeit nehmen können, scheint endlos lang.

Ein entscheidender Faktor, wie Freude erhalten bleiben und weiterentwickelt werden kann, ist das Team bzw. die Beziehungen seiner einzelnen Mitgliedern untereinander. Basiert der Austausch, die Kommunikation im Team auf Wertschätzung, Ehrlichkeit und Vertrauen, trägt dies zum Wohlbefinden und damit auch zur Leistungserfüllung jedes Einzelnen bei.

28

Die drei Elemente Leistung, Lernen und Freude beeinflussen einander gegenseitig. Erfolgreich ist ein Team, wenn sich diese drei Elemente die Waage halten und gegenseitig konstruktiv unterstützen.

Doch dieses Gleichgewicht ist kein statischer Zustand: Wo Menschen zusammenarbeiten, entstehen Probleme und Konflikte. Das Dreieck von Leistung, Lernen und Freude kann aus der Balance geraten. Das passiert tagtäglich und ist eher der Normalfall als die Ausnahme. Die Frage für ein erfolgreiches Team heisst darum: Wie gut schafft es das Team, die Balance von Leistung, Freude und Lernen wiederherzustellen?

Der SolutionCircle behält alle drei Elemente im Auge und hilft regelmässig zurück in die Balance zu finden.

Teams sind keine Maschinen

Ein Team zu führen, heisst, ein komplexes System zu steuern, was wahrlich nicht einfach ist. Unternehmen, Vereine, Teams, Familien – all dies sind hochkomplexe Systeme, denen immanent ist, dass sie nicht einseitig, linear oder zielgerichtet gesteuert werden können. Es handelt sich eben nicht um Maschinen, die berechenbar funktionieren, auf Knopfdruck reagieren und sich bei Problemen in der Reparaturwerkstatt flicken lassen. Überall, wo Menschen zusammenkommen und -leben, bestehen viele Einzelelemente, die sich wechselseitig beeinflussen. Jedes Handeln unsererseits – sei es als Vorgesetzter oder als Teammitglied – ist dementsprechend in gewisser Weise ein „Handeln ins Dunkle". Wir können nicht voraussehen, wie ein Mensch auf eine Frage, eine Drohung oder eine Bitte von uns reagiert – und wenn wir dieselbe Frage verschiedenen Menschen stellen, werden wir ganz unterschiedliche Reaktionen erkennen können.

Sonja Radatz erklärt dies in ihrem Buch „Beratung ohne Ratschlag" sehr treffend: „Alles, was wir tun oder nicht tun, hat Auswirkungen – wir wissen nur nicht welche: Beispielsweise können wir davon ausgehen, dass die Ankündigung: ‚Ab nächstem Jahr muss der Umsatz verdoppelt werden!', in jedem Fall eine aktive Veränderung hervorruft. Das Teuflische ist nur: Wir wissen nie im Voraus, welche. Denn wir haben es mit nichttrivialen Lebewesen (…) zu tun, viel mehr noch: mit denkenden und fühlenden Menschen, die Antworten welcher Art auch immer geben können und sich in jedem Augenblick ihres Lebens (…) neu für bestimmte Antworten und Reaktionen entscheiden." (S. 43)

Als Vorgesetzter können Sie Einfluss auf ein Team nehmen – eine Frage stellen, eine Weisung erlassen, eine Information weitergeben etc. Aber Sie können niemanden dazu veranlassen, genauso darauf zu reagieren, wie Sie es sich wünschen würden. Allerdings können Sie viel dazu beisteuern, dass die Reaktionen der Einzelnen sich mit grosser Wahrscheinlichkeit in eine gemeinsame Richtung bewegen.

Rahmenbedingungen optimieren

Eine zentrale Aufgabe von Führungspersonen besteht darin, die Rahmenbedingungen derart zu gestalten, dass die Mitarbeiter möglichst optimal agieren können. Die Gestaltung von Rahmenbedingungen ist ein fortwährender Prozess und keine einmalige Aktion, die zu einem bestimmten Zeitpunkt völlig abgeschlossen ist. Immer wieder gilt es, das Ergebnis der Arbeit zu prüfen, ob es dem Ziel näher kommt, die Rahmenbedingungen entsprechend zu variieren und erneut den Effekt zu reflektieren.

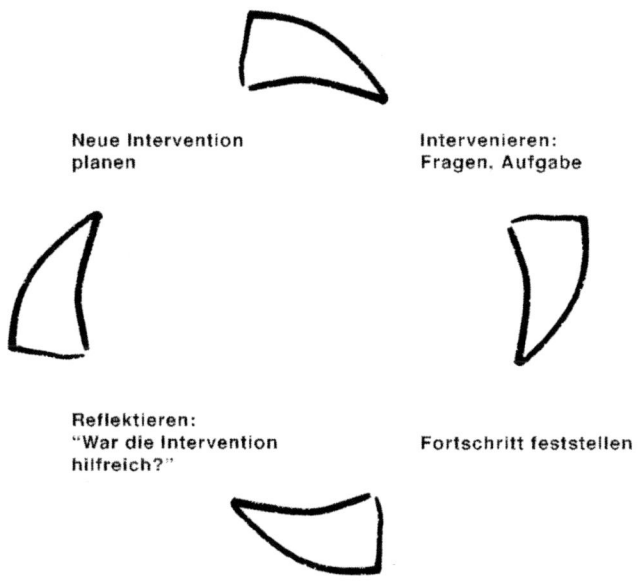

Sie tun etwas (Intervention), beobachten die Folgen und reflektieren die Ergebnisse (Was hat funktioniert?). Aufgrund dieser Wirkung unternehmen Sie wieder etwas – ein fortwährender Kreislauf. Dabei gilt: **Wenn das, was Sie tun, gute Ergebnisse erzeugt, dann tun Sie mehr davon.**

Wenn Sie den SolutionCircle im Alltag anwenden, gilt genau dasselbe Prinzip. Da Sie ihr Team eben nicht per Knopfdruck verändern können, ist es wichtig, Ihre Interventionen immer wieder auf ihre Nützlichkeit hin zu überprüfen, das heisst, mehr von dem zu tun, was gute Erfolge zeigte, und zu verändern, was nicht funktionierte. Die Arbeit mit dem SolutionCircle verlangt ein Stück weit einen persönlichen Reflexionsprozess, der Sie aber in Ihrer Arbeit weiterbringt, da Sie selbst mehr über Ihre Führungsqualitäten lernen können. Sie können erfahren, mit welchen Fragen und Aussagen oder mit welcher Art der Informationsweitergabe Sie einen wirkungsvollen Beitrag zum gemeinsamen Erfolg leisten.

Bedeutung des SolutionCircles

Solution steht für die klare Lösungs- und Ressourcenorientierung. In der Arbeit mit dem SolutionCircle wird Zeit und Energie dazu genutzt, kraftvolle, dynamische Lösungen zu entwickeln, die massgeschneidert zur entsprechenden Situation passen. Es geht darum, die vorhandenen Fähigkeiten und Stärken zu identifizieren, sie zu beleuchten und zu bestärken.

Circle beschreibt den Kreislauf, der die Bewegung zur dauernden Optimierung der zielbringenden Interventionen (Fragen, wertschätzende Rückmeldungen, Zuhören, Beobachtungsaufgabe etc.) ausdrückt.

Führen durch Fragen

Wenn Sie sich als Führungskraft entschliessen, Elemente des SolutionCircles anzuwenden, werden Sie Methoden einsetzen, wie man sie aus dem professionellen Coaching kennt. Sie werden den Coachingstil für die Führung entdecken und weiterentwickeln. Aus diesem Grunde soll die Person, die als Gesprächsführer einen Workshop begleitet, Coach genannt werden. Wichtigstes Werkzeug im Coaching sind Fragen. In der Anwendung des SolutionCircle führen Sie in erster Linie dadurch, dass Sie Fragen stellen: Fragen, die auf die Lösungsentwicklung hinzielen und das Team weiter bringen. Sind die Rahmenbedingungen für die Arbeit mit dem SolutionCircle gegeben, besteht die Hauptaufgabe des Coachs darin, darauf zu achten, dass diese Bedingungen eingehalten werden und möglichst effektiv in Richtung der vereinbarten Ziele gearbeitet wird.

Als Coach verkörpern Sie nicht die Person, die bereits alles weiss und die Gewissheit der richtigen Lösung hat, sondern Sie sind eher ein Wegbegleiter, der mit seinem Wissen dazu beiträgt, dass sich das Team möglichst wenig verläuft. **Der Coach hat die Kompetenz, durch den Workshop zu führen, während die Mitglieder des Teams für die Entwicklung der Lösung zuständig sind.**

Verschiedene Vorgesetzte, die bereits intensiv mit dem SolutionCircle arbeiten, berichten, dass diese Rolle nicht immer einfach wahrzunehmen sei. Manchmal würden einem die eigenen Ideen im Weg stehen. Doch sie berichten auch, wie entlastend es sei, nicht immer das Gefühl haben zu müssen, für alles und jeden gleich die passende Lösung bereithaben zu müssen. Ihre Erfahrung zeigt, wie diese Vorgehensweise gerade in turbulenten Situationen dazu beiträgt, sicher und gelassen zu führen, in dem sie sich auf die Begleitung des Prozesses konzentriert. Zudem trägt der Coachingstil in diesen Situationen dazu bei, Mitarbeiter längerfristig möglichst selbständig und selbstverantwortlich zu machen.

Als Coach sind Sie ein aufmerksamer Begleiter, der durch lösungsentwickelnde Fragen ermöglicht, dass neues Wissen entsteht. Neue Handlungsspielräume werden entdeckt, innovative Lösungsansätze entwickelt und neue Vorgehensweisen geprüft – immer im Hinblick auf das gemeinsam zu erreichende Ziel. Dies geschieht nur dann, wenn die Mitarbeiter ihre Erfahrung und ihre Kompetenzen optimal in die Arbeit einbringen können. Sie bekommen keine vorgefertigten Anweisungen, sondern werden nach eigenen Lösungsvorschlägen gefragt. Sie erhalten die Verantwortung für die inhaltlichen Entwicklungsprozesse. **Dadurch entstehen neue, massgeschneiderte Lösungen.** Lösungen, die – und das ist wichtig – von allen getragen werden. Nicht irgendeine Lösung ist gefragt, sondern genau jene, die auf dieses Team in dieser Situation passt. Diese passgenauen oder massgeschneiderten Lösungen entstehen, wenn alle Beteiligten optimal daran mitarbeiten können.

Der Preis dieser Vorgehensart liegt allenfalls in der Geduld, die Sie aufwenden müssen, und darin, dass Ihre Mitarbeiter sich teilweise völlig unabhängig von Ihrem Wissen entwickeln werden. Aber auch dieser Umstand zeigt sich in der heutigen Zeit eher als Chance für eine umfassende Weiterentwicklung.

Bei einigen Vorgesetzten erzeugt die Vorstellung, sich vermehrt auf das Fragen zu konzentrieren und dadurch Verantwortung für die Lösungsentwicklung abgeben zu müssen Angst. Angst, überflüssig zu werden oder Macht und Anerkennung zu verlieren. Vorgesetzte gehen in der Regel davon aus, dass sowohl vom Unternehmen als auch von den Mitarbeitern erwartet wird, dass sie die Lösungen gestalten und vorgeben. Ganz zentral sind in diesem Zusammenhang zwei Feststellungen:

a) Die hier beschriebene Art der Gesprächsführung ist eine zusätzliche Kompetenz, die Sie im Führungsalltag anwenden *können* – aber sie ersetzt nicht andere Aufgaben, die Sie als Führungsperson wahrnehmen müssen. Denn Sie werden auch weiterhin Ziele setzen oder Rahmenbedingungen festlegen, ihr Fachwissen weitergeben und dadurch das Know-how Einzelner erhöhen. Darüber hinaus werden Sie gewisse Controllingaufgaben wahrnehmen, Entscheidungen für das Team treffen und – zu guter Letzt – nicht umhinkommen, auch unangenehme Anordnungen vertreten und durchsetzen zu müssen. Als wertvolle Ergänzung zu anderen Führungsstilen werden Sie hier verschiedene Werkzeuge kennen lernen, die sich in bestimmten Situationen als äusserst wirkungsvoll gezeigt haben

b) Leitende Angestellte sprechen auch davon, den Coachingstil in der Führung kaum zu verwenden, da sie Angst davor haben, dass ihre Fachkompetenz von den Mitarbeitern nicht mehr anerkannt wird und sie dadurch an Autorität verlieren. Dieser Angst kann nur begegnet werden, wenn es gelingt, die Kompetenzen, die der Coachingstil verlangt, als neue Qualifikationen zu positionieren. Die Beschränkung in der Führung auf das Stellen von lösungsentwickelnden Fragen sowie auf die zielorientierte Prozessbegleitung ist eine ganz aussergewöhnliche Führungskompetenz: eine Führungskompetenz, die dann angewandt wird, wenn es um einen längerfristigen Aufbau von Verantwortung und die Gestaltung von nachhaltigen Entwicklungsprozessen im Team geht.

Probleme dort belassen, wo sie sind

Wichtig ist, die Probleme dort zu belassen, wo sie entstanden sind. Gerade der Vorgesetzte sieht sich nur allzu schnell in der Gefahr, sich für verschiedenste Fragestellungen verantwortlich zu fühlen, die eigentlich aus dem Team stammen oder zwischen einzelnen Teammitgliedern entstanden sind. In der Rolle des Coachs, der mit dem SolutionCircle arbeitet, haben Sie eine klare Aufgabe: Sie unterstützen die Problemlösung, indem Sie mit lösungsentwickelnden Fragen zur Problemlösung der Beteiligten beitragen. Sie sind demzufolge für den Prozess und nicht für die Probleme verantwortlich. Dies entlastet Sie vom Zwang, ständig neue Ideen zur Problemlösung präsentieren zu müssen – zudem bleibt der wahre „Ruhm" für die neue Lösung bei Ihren Mitarbeitern, die schliesslich die Lösung gefunden haben. Auf diese Weise wird das Selbstbild und das Selbstvertrauen der Mitarbeiter gestärkt.

Als Führungskraft ist bei der Arbeit mit den Elementen des SolutionCircles Zurückhaltung gefragt, wodurch Sie Ihre Mitarbeiter, die ihr Wissen optimal in die Entwicklung von passgenauen Lösungen einbringen können, ermuntern, persönliche Einschätzungen und Ideen zu formulieren. Nicht zuletzt übernehmen sie dadurch unternehmerische Verantwortung. Und das ist es doch, was man sich als Teamleiter oder Abteilungsleiterin nur wünschen kann.

2. In Lösungen denken und handeln

„Problem talk creates problems.
Solution talk creates solutions."
Steve de Shazer

Das IT-Team in der Krise: I. Teil

Die Abteilungsleiterin Anna S. war für den Moment ziemlich ratlos. Sie leitet eine achtköpfige Informatikabteilung in einer Telekommunikationsfirma. Nachdem sie schon seit Wochen das Gefühl hatte, dass es im Team nicht rund läuft, krachte es in der letzten Teamsitzung ziemlich heftig. Bei der Vorstellung des Entwurfs für die neue Informatik-Strategie, die sie bald der Geschäftsleitung vorstellen möchte, brach der Konflikt lautstark aus. Einige Teammitglieder wären gerne viel früher in die Erarbeitung des Strategieentwurfes einbezogen worden, da sie grundsätzlich andere Ideen zu gewissen zentralen Punkten hatten. Andere im Team fanden, sie bekämen seit jeher nur die langweiligen Arbeiten zugeteilt, und das würde sich in Zukunft auch nicht ändern. Zwei Teammitglieder, die sich offenbar nicht ausstehen konnten, sprachen seit längerer Zeit kaum noch ein Wort miteinander. In der besagten Teamsitzung nun gerieten sie wegen einer Kleinigkeit heftig aneinander. Anna S. war sich bewusst, dass alle Mitglieder ihres achtköpfigen Teams mit grosser Überbelastung zu kämpfen hatten. Zudem löste die geplante Reorganisation erhebliche Unsicherheiten aus, da man nicht wusste, ob ein Stellenabbau vor der Türe stand. Die Unzufriedenheit der Mitarbeiter war infolgedessen in den letzten Wochen gestiegen, was auch einige der internen Kunden bemerkten. Speziell traten Schwächen in der Auftragsabwicklung zutage.

Anna S. war froh, dass sie in der besagten Sitzung ruhig bleiben konnte und ihr Vorschlag, sich gemeinsam einen Morgen Zeit zu nehmen, um die internen Spannungen zu bereinigen, sehr schnell und hoffnungsvoll aufgenommen wurde.

Keine einfache Aufgabe für die Abteilungsleiterin, da sich ziemlich viel Zündstoff angesammelt hatte. Doch an welchen Themen muss jetzt konkret gearbeitet werden: Geht es um die Zusammenarbeit, die Leistung des Teams, die neue Strategie oder um den konstruktiven Umgang mit bevorstehenden Veränderungen? Oft treffen wir in einem Team nicht auf eine klar eingrenzbare und eindeutige Problemstellung, sondern auf verschiedene Fragestellungen, die einander gegenseitig beeinflussen. Wie kann man in diese Teamdynamik einsteigen, ohne dass am Schluss des geplanten Workshops ein Scherbenhaufen zurückbleibt? Anna S. hat sich entschieden, diesen Workshop selbst zu moderieren und nicht einen externen Coach oder Berater hinzuzuziehen – das konnte sie im Zweifelsfalle in einem nächsten Schritt immer noch tun.

Der Workshop: Teil I

Nach einer kurzen Einführung in die Vorgehensweise, die Anna S. für den heutigen Workshop vorgeschlagen hatte, startete die Abteilungsleiterin folgendermassen:

„Zum Einstieg habe ich mir eine kleine Aufgabe ausgedacht. Es ist eine ziemlich anspruchsvolle, dessen bin ich mir bewusst, die einiges an Kreativität und Vorstellungsvermögen verlangt. Ich habe aber unser Team bisher so erlebt, dass es stets möglich war, auf neue Situationen einzusteigen und sie mit Phantasie zu meistern. Was meint ihr, seid ihr bereit auf diese Aufgabe einzusteigen, obwohl sie vielleicht im ersten Moment etwas ungewöhnlich erscheint?"

Nachdem das Team seine Zustimmung gegeben hatte, fuhr sie fort:

„Bitte beantwortet folgende Fragen. Haltet die Antworten auf einem Flipchart fest:

a)   Wenn unser Team die anstehenden Probleme und Konflikte heute und in den nächsten Wochen wirklich gut lösen könnte und nach und nach zu einem wahren „Superteam" würde – wie sähe dieses Team dann in zwei Jahren aus?

   – Woran würdet ihr merken, dass es im Team gut funktioniert?
   – Was würden unsere Kunden/Kollegen über uns sagen?
   – Was würde jeder von uns dann genau anderes tun?

b)   Wie hoch – auf einer Skala von 1 bis 10 – ist eure Motivation, Energie und Zeit aufzuwenden, um erste Schritte Richtung „Superteam" zu unternehmen?"

Die Teammitglieder waren ob dieser Aufgabe dann doch etwas verdutzt, hatten Sie doch erwartet, umfassend Gelegenheit zur Klage zu erhalten. Nichtsdestotrotz überwanden sie ihren anfänglichen Widerstand schnell und setzten sich ernsthaft mit ihren Zukunftsvorstellungen auseinander.

Nach knapp einer Stunde konnten sie sich gegenseitig von einer erstrebenswerten Zukunft berichten. Sie sprachen davon, dass immer noch alle Anwesenden im Team seien. Freude und Spass waren zurückgekehrt. Ihren Service hatten sie klar strukturiert, die Abläufe modifiziert. Sie hatten konkrete Vorstellungen ihrer regelmässigen Teamsitzungen entworfen und sprachen von einer neuen Form der Mitarbeiterqualifikationsgespräche.

Ihre Zukunftsvorstellungen waren sehr realistisch gehalten und umsetzungsorientiert.

Sich auf Lösungen fokussieren

Anna S. hat etwas Mutiges gewagt. Ohne eine fundierte Problemanalyse fragte sie, wie die Situation ausschauen würde, wenn sie für jeden befriedigend wäre. So hat sie das Team mit ihren Fragen direkt auf die Lösungsebene geführt. Damit stossen wir auf das erste der vier Grundprinzipien des SolutionCircles: **Wir verwenden die vorhandene Zeit und die vorhandenen Energien konsequent für die Exploration von Lösungen.** Statt mehr über Probleme und Schwierigkeiten zu erfahren, springen wir sofort auf die Lösungsebene und erarbeiten konkrete Lösungsvorstellungen.

Von der Problemebene zur Lösungsebene

Auf der Lösungsebene sprechen wir über die Zukunft, der die Einzelnen angehören wollen. Das Team schafft sich eine neue Wirklichkeit, die so attraktiv ist, dass sie Energien freisetzt. Durch den gegenseitigen Austausch über eine wünschenswerte Zukunft entsteht eine konzentrierte und konstruktive Atmosphäre. Ziele werden konkretisiert, in dem beobachtbares Verhalten in der Zukunft beschrieben wird. Es geht darum, im Gespräch möglichst genau herauszufinden, wie erfolgreiches Handeln in Zukunft ausschaut und welche Auswirkungen dieses Handeln auf andere haben wird.

Vielleicht haben Sie auch schon festgestellt: Wenn wir lang und ausdauernd über Konflikte sprechen, werden sie irgendwie immer grösser und komplexer. Dasselbe passiert auf der Lösungsebene: Je mehr wir über die Lösung erfahren, je mehr uns bewusst wird, wie es dann ausschaut, wenn wir unsere Problemstellung gelöst haben, um so höher wird der Wunsch und die Zuversicht, diesen Zustand zu erreichen. Und nur der gemeinsame Wunsch nach Verbesserung, nur die konkrete Vorstellung einer Zukunft, in der es sich zu leben und zu arbeiten lohnt, setzt die Energien im Team frei, nachhaltig an dieser Zukunft zu bauen.

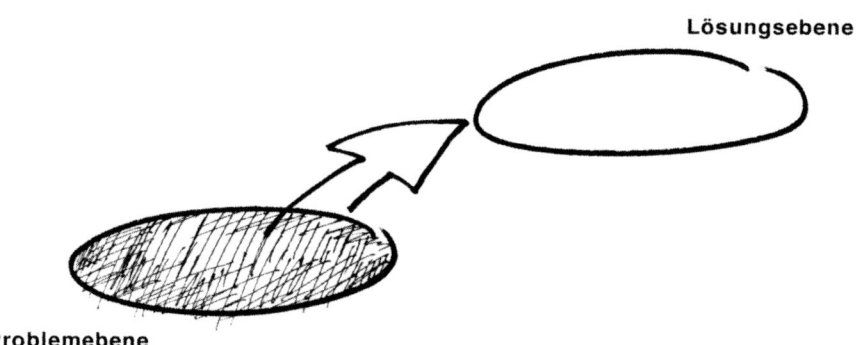

Lösungsebene

Problemebene

Die Zukunft kann erschaffen werden. Jeder Mensch hat die Möglichkeit, durch sein Tun die Zukunft mitzugestalten. Oder wie Insoo Kim Berg, eine der Mitbegründerinnen des lösungsorientierten Arbeitsansatzes, sagt: „Die Zukunft ist nicht eine Sklavin von vergangenen Ereignissen. Jedes Team und jede Einzelperson kann deshalb viele nützliche Schritte finden, welche mit hoher Wahrscheinlichkeit ein befriedigenderes Leben ermöglichen."

Im SolutionCircle wird der Schritt, den die Abteilungsleiterin hier eingeleitet hat, „Futur Perfekt"[2] genannt. Erst wenn ein Team eine genaue Vorstellung davon hat, in welche Richtung die angestrebte Veränderung gehen soll, kann es sich überhaupt auf den Weg machen und erste Schritte in diese Richtung

---

2   Erstmals stiess ich auf diese Bezeichnung im Buch von Mark McKergow und Paul Z. Jackson „The Solutions Focus: The SIMPLE Way to Positive Change", Nicholas Brealey Publications, Febr. 2002, ISBN 1857882709

gehen. Darum ist es sinnvoll, viel Zeit damit zu verbringen, genau herauszufinden, wie denn die erstrebenswerte Zukunft jenseits des Problems genau
ausschauen soll.

Worte erzeugen Wirklichkeit

Unsere Wahrnehmung der Wirklichkeit wird durch die Sprache geformt und
beeinflusst. In jedem Unternehmen und in jedem Team machen sich die Menschen ein Bild von dieser Organisation, das beschreibt, wie man früher war,
wie man heute ist, und was man werden könnte. Natürlich hat jedes Mitglied
seine eigene Ansicht – und dennoch gibt es ein gemeinsames Bild, das von
einer Mehrheit getragen und tagtäglich kommuniziert wird, in dem sie Geschichten erzählen. Andauernd werden Geschichten erzählt – in der Kantine, auf den Gängen, in E-Mails, vor und nach Besprechungen. Manchmal sind
sie länger, meist etwas kürzer, ab und zu bestehen sie nur aus einem Witz oder
einem Schlüsselwort. Das Erzählen ist eine unserer Methoden, die Wirklichkeit
zu strukturieren und unserem Erleben eine Bedeutung zu geben.

Die dominierenden Geschichten eines Teams sind ein Ausdruck der Wahrnehmung der Mitglieder. Sie sind nicht die Realität, sondern die Brille, durch
die sie beobachtet wird. Die Geschichten, die sich Menschen in Organisationen erzählen, können inspirierend sein oder die Atmosphäre verschmut-
zen. Aus persönlicher Erfahrung wissen wir alle: Wir lieben es geradezu, in
negativen, „säuerlichen" Geschichten zu schwelgen, sie aufzublähen und aus-
zuschmücken. Gerade in Teams kann das Repertoire an wahren „Gruselge-
schichten" reichhaltig sein. Wenn aber die negativen überwiegen, nehmen
wir die Organisation oder das Team als grossen Haufen Unrat wahr und sehen die vorhandenen Ressourcen und Potenziale nicht mehr.

Das Fatale daran ist, dass wir zu dem Bild werden, das wir von uns machen.
Wir werden zu den Geschichten, die wir über uns selbst erzählen. Das, worauf wir unsere Aufmerksamkeit richten, nimmt zu. Dazu gibt es unzählige Beispiele. G. B. Shaws Geschichte „Pygmalion", die auch die Grundlage für das
weltbekannte Musical „My Fair Lady" lieferte, war Namensgeber für den Pyg-
malioneffekt. Mehrere Studien haben gezeigt, dass die Leistungen von Schü-
lern der Erwartungshaltung ihrer Lehrperson entspricht. Denn die Erwartung
der Lehrpersonen wird unterschwellig auf die Schüler übertragen und prägt

das Bild, welches diese von sich selbst machen. Und zu diesem Bild werden sie. Historiker haben aufgezeigt, dass grosse Kulturen aufblühen, wenn sie sich ein positives Abbild ihrer selbst und ihrer Zukunft machen – und dass diese Kulturen zerfallen, wenn dieses Bild seine Kraft verliert.

Ein lebendiges, erfolgreiches Team hat ein positives, dynamisches Bild von sich selbst. Ein negatives Selbstbild macht praktisch jeden Entwicklungsschritt unmöglich. Aus diesem Grund müssen wir als Führungskraft dazu beitragen, dass in Gesprächen eine kraftvolle Zukunftsidee entstehen kann.

Gerade in Besprechungen und Sitzungen können Teamleiter durch ihre Art der Gesprächsführung viel dazu beitragen, dass lösungsorientiert kommuniziert wird. Es gibt durchaus Gespräche, die sich im Hinblick auf die Gestaltung der Zukunft im Gegensatz zu anderen als hilfreicher und effektiver erweisen. Unterhaltungen nämlich, die bestimmen und herausfinden helfen, welche Art von Teamarbeit sich die Mitglieder wünschen, welche Art von Balance zwischen Lernen, Leistung und Freude für das Team wichtig ist und welches Tun das Team dieser gewünschten Vorstellung näher bringt.

Ein Team beginnt seine Zukunftsgestaltung, wenn es sich zusammensetzt und aussichtsreiche Ideen austauscht. Dadurch wird der Spielraum, den die Rahmenbedingungen bieten, neu ausgelotet, und es werden gemeinsame Bilder geschaffen. Im Austausch entstehen Geschichten über die Zukunft, die aufzeigen, wie und in welcher Art sie gemeinsam gestaltet werden kann. Klar, dass die einzelnen Vorstellungen auf ihre Umsetzungswahrscheinlichkeit geprüft und an den Rahmenbedingungen gemessen werden müssen. Im Futur Perfekt kann es nicht darum gehen, unrealistische oder utopische Zukunftsvorstellungen zu entwickeln. Vielmehr wird Spielraum geschaffen um verschiedene Szenarien zu durchdenken. Dadurch erhalten die Teammitglieder die Chance, aktiv eine Zukunft zu gestalten, der sie auch angehören wollen.

Lösungen finden, statt Probleme lösen

Wie können Führungskräfte dazu beitragen, dass vermehrt hilfreiche Gespräche im Team geführt werden? Indem sie beispielsweise den Blick mehr auf das „Lösungen finden" richten und weniger auf das „Probleme lösen". Auf den ersten Blick scheint es eine vielleicht unbedeutende Unterscheidung zu sein: Lösungen finden – statt Probleme lösen. Im Alltag ist es der Unterschied, der den Unterschied macht! Während üblicherweise, wenn etwas schlecht läuft oder nicht funktioniert, gefragt wird:

• Warum ging es nicht, wie wir wollten?
• Welche Ursachen hat das Scheitern?
• Was haben wir alles falsch gemacht?,

orientieren wir uns in der Arbeit mit dem SolutionCircle auf die Zukunft – denn die Zukunft lässt sich gestalten!

• Wie müsste es denn sein?
• Was wäre die kühnste Idee in dieser Sache?
• Was brauchen wir, um dies zu erreichen?

Die meisten Menschen sind es gewohnt, Probleme zu analysieren und aufgrund der Diagnose die Problemlösung anzugehen. In der Arbeit mit dem SolutionCircle nutzen wir die Gesprächszeit, um möglichst viel über Ziele und Lösungsansätze zu erfahren. Statt also analysierende Fragen über die Vergangenheit zu stellen, führen wir ein Gespräch, das eine denkbar genaue Vorstellung der Ziellandschaft erzeugt:

Keine analysierenden Fragen über die Vergangenheit ...	... sondern Fragen zur Gestaltung der Zukunft
Wie ist das Problem entstanden?	Was brauchen Sie, um dieses Problem erfolgreich zu lösen?
Wer hat das Problem verursacht?	Wenn ein Wunder geschähe und alle Probleme zu Ihrer Zufriedenheit gelöst würden, was genau wäre dann anders?
Warum hat er das gemacht?	Wie könnte er sich in Zukunft verhalten?
Was ist das Schlimmste daran?	Was soll in Zukunft genau anders sein?
Weshalb?	An welchem Verhalten von Ihnen würde jemand anderer bemerken, dass Sie ihr Ziel erreicht haben?

Im Führungsalltag kann der Perspektivenwechsel von der „Problembehandlung" zur Lösungsentwicklung eine grosse Wirkung erzeugen und blockierte Situationen aufweichen. Ein sehr eindrückliches Beispiel, was lösungsentwickelnde Fragen im Führungsalltag zu bewirken vermögen, berichtete mir ein Leiter einer Sonderschule: Er hatte an einem zweitägigen Seminar zu lösungsorientierter Führungsarbeit teilgenommen, ehe die Teilnehmer mit der Aufgabe nach Hause gingen, mit den neuen Ideen und Modellen zu experimentieren. Sie sollten herausfinden, was bei ihnen im Alltag funktioniert. Nach drei Wochen traf man sich zu einem Praxistag. Der Schulleiter berichtete über einen wichtigen Erfolg in seiner Arbeit:

Seit über einem Jahr hatten sein Lehrerteam und er als Leiter grosse Schwierigkeiten mit den wöchentlichen Teamsitzungen. Bis dahin hielten sie jede Woche zweieinhalb Stunden eine pädagogische Konferenz ab und zusätzlich, an einem anderen Tag, eine nochmals einstündige organisatorische Besprechung. Insgesamt also dreieinhalb Stunden Teamsitzung jede Woche! Trotz des grossen Zeitaufwands zeigten sie sich sehr unzufrieden mit den Resultaten, da nicht alle Themen Platz fanden. Obwohl die Sitzungen zeitlich regelmässig überzogen wurden, kam nicht alles zur Sprache, was den Einzelnen wichtig war! Die Teammitglieder hatten vielmehr das Gefühl, dauernd unter Zeitdruck zu stehen, weswegen eine grosse Portion Unmut und Kritik an der Sitzungsleitung geäussert wurde. Um diesen unbefriedigenden Zustand zu beseitigen, wurden schon verschiedene Aktionen gestartet, Ursachen gesucht und Gespräche geführt.

Der Schulleiter überlegte sich nun, wie er lösungsorientiert an diese Fragestellung herangehen könnte.

Am Ende der nächsten Konferenz verteilte er ein Blatt mit drei Fragen, die jede Lehrerin und jeder Lehrer beantworten sollte:

a) Wenn du die Konferenz entwerfen könntest, an der du gerne und engagiert teilnehmen würdest, wie sähe diese Konferenz aus?

b) Was würdest du dann genau anders machen?

c) Gab es in den bisherigen Konferenzen schon einmal Situationen, die ein bisschen von dem hatten, wie du es dir vorstellst? Was war da genau anders?

Der Schulleiter hat diese Umfrage ausgewertet und basierend auf den Antworten eine Sitzungsstruktur entworfen, die es ermöglichte, innerhalb der zweieinhalb Stunden sowohl den pädagogischen als auch den organisatorischen Teil abzuhandeln.

Er meinte dazu: „Ich bin mir nicht ganz sicher, aber ich glaube, dadurch, dass ich nach einer wünschenswerten Zukunft fragte, wurde es für alle möglich, in einem neuen Bezugsrahmen zu denken und alte behindernde Zöpfe loszulassen. Statt wieder neue Vorwürfe zu äussern und Hindernisse aufzuzeigen, konnten neue Ideen entwickelt werden. Die früheren Versuche, unsere Sitzungsprobleme zu lösen, setzten immer auf der Problemebene an. Wir fragten uns, was denn warum schief läuft. Resultat war die Bildung einer eigenartigen Problemspirale, die uns jeweils nach unten zog, noch tiefer in die Probleme rein. Oft endeten diese Gespräche dann mit gegenseitigen Vorwürfen. Es entstand eine allgemeine Ratlosigkeit, die uns blockierte."

Die Problemebene

Auf der Problemebene setzen wir uns mit Unzulänglichkeiten und Defiziten auseinander, suchen Schuldige und finden Erklärungen, warum dieses oder jenes ohnehin nicht zu realisieren ist. Vorgesetzte, andere Abteilungen – generell die anderen – sind die Ursache dafür, dass es mir selbst nicht gut geht und ich meinen Job nicht so erfolgreich gestalten kann, wie ich eigentlich möchte. Teams können viel Zeit und Energie damit verschwenden, sich in ihrer Unzufriedenheit zu unterstützen – nicht nur in Teamsitzungen, auch in Pausengesprächen und während des Mittagessens. Manchmal fühlen sie sich der misslichen Situation hilflos ausgeliefert. Gerade in Konfliktsituationen kann sich in den schlimmsten Fällen eine Art „Problemspirale" ergeben, die ein Team regelrecht in den Keller zieht, bis wirklich gar keine Hoffnung auf Besserung mehr besteht.

Erstaunlich dabei ist, dass sich Teams gelegentlich aufgrund des Problemfokus eine eigene Identität schaffen können. Wenn die Umwelt so „unfähig" ist, dass Unternehmen keine eindeutige Strategie fährt und nichts für die Arbeitszufriedenheit der Mitarbeiter tut – jedenfalls aus der Sicht dieses Teams –, ist es leicht, zwischen aussen (die Unfähigen) und innen (dass wir hier überhaupt so tolle Leistungen erbringen können) zu unterscheiden. Diese Sichtweise kann dazu führen, dass die Teammitglieder eine Art von sich zusammenhaltender Schicksalsgemeinschaft bilden. Teams, die sich ihre Identität über die gemeinsame missliche Situation geben, fehlt häufig die Energie, eine Veränderung einzuleiten und die Zukunft aktiv in die Hand zu nehmen. Wenn wir diese Situation antreffen, muss die Vorstellung der Zukunft schon sehr stark sein und all das enthalten, was die Teammitglieder an der momentanen Situation schätzen, damit eine Veränderung überhaupt möglich wird.

Die Problemanalyse lassen wir weg

Im SolutionCircle spielt das genaue Verstehen der Problemlage für die Erarbeitung konkreter Lösungen nur eine untergeordnete Rolle, und zwar aus der Überzeugung heraus, dass Lösungen an konkreten Zielvorstellungen und auf den Ressourcen aufbauend wirkungsvoller umgesetzt werden als aufgrund von Fehler- und Defizitanalysen.

Im Prozess der Konfliktbewältigung kann es wichtig sein, dass das Team über Probleme spricht. In diesem Zusammenhang geht es nicht um Analysen, sondern um den Austausch individueller Wahrnehmungen, die deponiert werden wollen. Für die Lösungsentwicklung können die Gespräche hilfreich sein, da die einzelnen Teammitglieder oft erst durch das Reden über Schwierigkeiten Abstand davon gewinnen können. Manchmal wird erst dadurch ermöglicht, in Lösungen zu denken. Hin und wieder müssen Frustrationen, Verletztheiten und auch Traurigkeit geäussert und abgeladen werden, damit das Denken und Fühlen für einen Veränderungsprozess frei wird. Über Belastungen zu sprechen, kann hilfreich sein. Darum ist sehr wichtig, mit den Problemdarstellungen sorgfältig und wertschätzend umzugehen. Keinesfalls dürfen die Probleme oder Konflikte als unbedeutend bezeichnet oder gar abwertend behandelt werden.

Auf bisherige Erfolge aufbauen

Das IT-Team in der Krise: 2. Teil des Workshops

Im zweiten Schritt des Workshops bat die Abteilungsleiterin die einzelnen Teammitglieder auf einer Skala von 1 bis 10 zu benennen, wo sie bezüglich des Idealzustandes heute stehen (10 als wünschenswerte Zukunft – 1 als absolutes Gegenteil davon). Einzeln positionierten sie ihre Sicht der Situation: Man stand auf der 3, der 2,5 und maximal auf der 5. Anna S. interessierte sich nun aber nicht für das Defizit, den Graben, der zwischen der 2 und der 10 festzustellen war, sondern für das, was bereits funktioniert. Sie fragte nach: „Was macht es denn aus, dass wir immerhin schon auf einer 2 stehen? – Wir könnten ja durchaus auch tiefer liegen, aber wir sind nach eurer Einschätzung bereits auf einer 2. Was machen wir also schon ziemlich gut?"

Die Vorboten der Lösung

Die Abteilungsleiterin führt hier das Instrument der Skalen ein. Dieses Instrument ermöglicht es uns, herauszufinden, was bereits funktioniert. Es handelt sich um das zweite Grundprinzip des SolutionCircles: Wir orientieren uns nicht an dem, was alles schief gelaufen ist, wir bestimmen nicht die Lücke zwischen gestern und morgen, sondern machen uns neugierig auf die Suche nach all dem, was wir als kleine Vorboten der wünschenswerten Zukunft erkennen können. Diese Zeichen liefern sehr nützliche Hinweise, wie der weitere Weg der Veränderung gestaltet werden kann. Denn mit der Frage: „Gab es in den letzten Monaten Sternstunden, in denen das Problem/der Konflikt nicht vorhanden war oder weniger heftig auftrat?", werden erfolgreiche Handlungsmöglichkeiten aufgedeckt und beleuchtet. Zudem steigert sich die Zuversicht, wirklich etwas Konkretes tun zu können, um eine Veränderung herbeizuführen – da es ja bereits in der Vergangenheit einmal gelang.

Wenden wir uns im SolutionCircle rückwärts und schauen auf Vergangenes, versuchen wir Situationen zu finden, in denen schon etwas vom wünschenswerten Zustand in der Zukunft geschehen ist. Wir reflektieren, was funktioniert hat, und versuchen herauszufinden, welche persönlichen Eigenschaften oder Handlungen zum Funktionieren geführt haben. Die Fokussierung auf

Ausnahmen der als problematisch betrachteten Situation stellen in den meisten Fällen schon eindeutige (Teil-)Lösungen dar.

Im oben erwähnten Workshop des IT-Teams beklagte sich ein Teammitglied darüber, dass er von seinen Kollegen nicht ernst genommen würde. Darum hat er den Kontakt zu einigen Teammitgliedern quasi abgebrochen. Seine Beiträge in Projektsitzungen würden regelmässig ignoriert. Aus diesem Grunde habe er begonnen, zu schweigen und sich auch nicht mehr fürs Team einzusetzen. Dieses Mitglied schätzte die Situation im Vergleich zur Situation im Futur Perfekt auf der Skala bei 2 ein. Auf Nachfrage der Abteilungsleiterin, wo es denn schon einmal Situationen gegeben habe, in denen ein echter Austausch mit den anderen Kollegen stattgefunden hätte – im SolutionCircle nennen wir diesen Schritt die „Sternstunden" –, nannte er einige informelle Gespräche, in denen er sich ernst genommen fühlte. Diese kleine Sternstunde gilt es im Hinblick auf die Lösung genauer unter die Lupe zu nehmen: „Was war genau anders in diesen informellen Gesprächen? Wie verhalten Sie sich genau, während dieser informellen Gespräche? Was sagen Sie genau?" Diese Erkenntnisse können dazu dienen, dieses erfolgreiche Verhalten in allgemeine Sitzungs- und Besprechungssituationen zu übertragen.

Die Kraft der Ressourcen-Orientierung

Vergangenes können wir immer aus verschiedenen Blickwinkeln betrachten. Wenn man zwanzig Menschen ohne jede weitere Anweisung den Auftrag gäbe, ein bestimmtes Team (oder eine Organisation) zu analysieren, kämen diese wahrscheinlich mit einer langen, hauptsächlich Schwächen beschreibenden Liste zurück. Es scheint ein Automatismus zu sein, defizitorientiert vorzugehen, der in der klassischen Organisations- und Teamentwicklung tief verwurzelt ist. In verschiedenen Workshops, Interviews und durch Beobachtungen werden Diagnosen erstellt und den Beteiligten präsentiert. Die Defizite werden zwar häufig als „neue Chancen" betitelt, doch meist lösen sie trotzdem Widerstand bei den Beteiligten aus: „Aber so schlimm ist es nun auch wieder nicht", hört man es munkeln – und schon formieren sich Gegner des Veränderungsprozesses. Wer defizitorientiert vorgeht und mit Problemen beginnt, wird allzu leicht eine Verteidigungshaltung bei den Betroffenen wachrufen. Man beginnt Schuldige zu suchen, und die Verantwortung für die Misere wird herumgeschoben.

Die Notwendigkeit, an den Schwächen zu arbeiten, wird oft überschätzt. Selbst in Prozessen der Strategieentwicklung, in der seit Jahren Stärken-Schwächen-Analysen zum Standard gehören, ist es weniger entscheidend seine Schwächen im Verhältnis zum Wettbewerb zu kennen. Viel bedeutender ist es, die eigenen Stärken, die eigenen Besonderheiten und den eigenen Möglichkeitsspielraum zu entdecken und zu nutzen. Wenn man diese Faktoren gut kennt, wird man den richtigen Weg einschlagen, auch ohne detaillierte Kenntnis der Schwächen.

Die Auseinandersetzung mit unseren Schwächen schwächt uns. Das Wissen um unsere Stärken stärkt uns. Darum interessiert uns in der Arbeit mit dem SolutionCircle die Frage, was bereits gut funktioniert hat. Wir suchen nach Begebenheiten, nach Sternstunden, in denen kleinere und grössere Erfolge zu verzeichnen waren. Wer hat in dieser Situation was genau wie anders gemacht? Der SolutionCircle will in Teams das sichtbar machen, was bislang (besonders) gut gemacht wurde. Aus diesen Erkenntnissen lässt sich lernen und Entwicklungen aufbauen. **Wir bauen die Veränderungsprozesse auf den Erfolgen des Teams und nicht auf dessen Defiziten auf.**

In der Arbeit mit Teams ist es immer wieder faszinierend, was passiert, wenn die Mitglieder erkennen, dass es im Workshop nicht darum geht, über Defizite, Schwächen oder Schuldige zu sprechen, sondern herauszufinden, was in der Vergangenheit gut gemacht wurde, und daraus zu lernen. Die zu Beginn oft harten Gesichtsmuskeln entspannen sich, der Blick wird offen, plötzlich spürt man eine neue Energie im Raum. Sie werden es selbst feststellen: Das Arbeiten wird ganz anders. Die anfängliche Schwere macht der Lebendigkeit Platz, Energie und Motivation lösen Desinteresse und Halbherzigkeit ab.

Wenn etwas nicht funktioniert, tue etwas anderes!

Dies ist der Nachsatz des oben erwähnten zweiten Grundprinzips. Klar, eindeutig und einsichtig – doch weit entfernt davon, im Alltag umgesetzt zu werden. Ich jedenfalls erlebe häufig das Gegenteil: Wenn etwas nicht funktioniert, wird mit denselben Mitteln versucht, es zum Laufen zu bringen, zumeist, in dem man „mehr desselben" tut: Man strengt sich noch stärker an, intensiviert seinen Einsatz und versucht es noch härter. Ein Abteilungsleiter berichtete mir, wie er seit Jahren versucht, sein „Zeitmanagement" in den Griff zu bekommen. Weil er sich dauernd gestresst fühlte und seine Aufgaben ihm über den Kopf wuchsen, hat er schon verschiedene Kurse besucht und unterschiedliche Zeitmanagementsysteme ausprobiert. Er geht seine Aufgaben hoch strukturiert an, unterscheidet zwischen wichtig und dringend, klassiert in A-, B- und C-Aufgaben … doch er hat das Gefühl, sein Pendenzenberg werde einfach nicht kleiner. Manchmal verfolgt er ihn bis in seine Träume hinein. Dies hat zur Folge, dass er davon ausgeht, das Zeitsystem immer noch zu wenig im Griff zu haben. Er verwendet noch mehr Zeit in die Planung, schreibt noch genauere Tagespläne und führt akribisch genau seine „To-Do-Liste". Doch je stärker er sich auf seine unerledigten Aufgaben konzentriert, um so weniger gelingt es ihm, alle fristgerecht und in der gewünschten Qualität zu erledigen. Die Willensanstrengung wird immer grösser und die Verzweiflung auch.

Der hier genannte Manager versucht, mit „einem Mehr desselben" sein Problem zu lösen, in dem er seine Strategie noch intensiver und konsequenter nach dem Motto pflegt: „Man muss sich nur mehr anstrengen, dann wird es schon gelingen!"

Manchmal kann aber die Lösung eines Problems selbst zum Problem werden. Wir stecken wir in einer Art Teufelskreis, den es zu erkennen und zu durchbrechen gilt. Die Erfahrung zeigt, dass der Teufelskreis oft mit paradox erscheinenden Lösungsversuchen durchbrochen werden kann: Häufig erscheinen die Durchbrechungsversuche absurd, unerwartet oder gegen die Vernunft. Ihr Wesen ist oft überraschend.

Dem besagten Manager beispielsweise half, dass er sich an drei Arbeitstagen in der Woche schon eine halbe Stunde früher vom Geschäft verabschiedete als gewöhnlich. In diesen dreissig Minuten wollte er etwas tun, was er schon lange nicht mehr getan und absolut nichts mit seiner Arbeit zu tun hatte. Meist verbrachte er diese Zeit mit der Pflege seines Gartens. Ab und zu ging er einfach etwas trinken und las in Ruhe die Zeitung. Diese halbe Stunde wurde für ihn nach und nach eine Art „heilige Zeit", die ihm immer wertvoller wurde und die er sich gegen seine unerledigten Aufgaben zu verteidigen suchte. Er besuchte kein weiteres Zeitmanagementseminar, aber er begann, Aufgaben, die er bis dahin angenommen hatte, abzulehnen oder Sitzungen früher zu beenden, damit er rechtzeitig aus dem Geschäft kam. Zwar plante er weiterhin genau seine Zeit – doch er hatte ein neues Ziel: Er wollte sich seine „heilige halbe Stunde" erhalten! **Oft müssen wir, um blockierte Situationen aufzubrechen, etwas ganz anderes tun und die bekannten Pfade verlassen. Doch dazu ist es nötig, genau zwischen jenen Interventionen zu unterscheiden, die funktionieren, und jenen, die uns immer wieder in eine Sackgasse führen.**

Auch ich selbst tappe noch immer ab und zu in diese Falle, baue einen eigenen Teufelskreis einer nicht funktionierenden Lösung auf und versuche, durch mehr Einsatz und Engagement zum Ziel zu kommen, anstatt die Art und Weise der Intervention zu verändern.

So habe ich beispielsweise ein Projektteam geleitet, das eine einschneidende Änderung der hierarchischen Struktur eines Unternehmens planen sollte, um mehr Kundennähe und Qualität zu erreichen. Am Schluss des zweiten Workshops gab es einige Arbeiten zu erledigen, Flipcharts abzuschreiben, Abklärungen zu treffen. Als ich die Arbeiten verteilen wollte, machte sich Schweigen breit – niemand hatte gerade Zeit, diese Arbeiten zu übernehmen. Es hing am Schluss praktisch alles an mir. Hinterher dachte ich, ich hätte vielleicht die Rollen zu wenig geklärt und unzureichend auf ihre Verantwortung der Mitarbeit hingewiesen. Als ich diese Erläuterungen in der nächsten Sitzung nachholte, passierte leider noch weniger. Je mehr Druck ich aufsetzte und auf die Reglements und den Projektvertrag hinwies, umso passiver verhielten sich die Teammitglieder. Einmal lud ich sogar den Auftraggeber des Projektes ein, damit er klar machte, dass auch das Projektteam Aufgaben zu übernehmen habe. Doch auch hierbei handelte es sich um „ein Mehr desselben": Appelle und Druck halfen nicht – egal, in welcher Form sie daherkamen.

Die Lösung für diese Schwierigkeit kam überraschend. Da ich mich nämlich für eine Sitzung unvorhergesehen abmelden musste, bat ich jemanden, die Leitung zu übernehmen. Ich hatte ein sehr schlechtes Gewissen, als Projektleiter an dieser Sitzung nicht dabei sein zu können. Doch meine Abwesenheit bewirkte, dass das Projektteam erst etwas ratlos, dann aber sehr kreativ mit der neuen Situation umging. Sie haben in einer der zentralen Fragen über das Qualitätsmanagement ein neues Modell entwickelt und es mir während der nächsten Sitzung vorgestellt. Ganz begeistert über das Engagement des Teams, fragte ich sie, wie dies plötzlich möglich gewesen sei. Aus dem kurzen Gespräch kristallisierte sich heraus, dass sie sich erstmals wirklich für den Verlauf der Sitzung verantwortlich fühlten, die Methode der Erarbeitung selbst wählen und frei mit der Traktandenliste umgehen konnten – also die Themen bearbeiteten, die ihnen wirklich am Herzen lagen. Wir haben versucht, diese Punkte in die zukünftigen Sitzungen einzubauen, und es war von diesem Zeitpunkt an spürbar mehr Energie und Engagement im Team. <u>Oft bewirkt eine kleine Abweichung im Verhalten grosse Veränderungen im System.</u>

Ressourcen entdecken und nutzen

Traditionelle Methoden in der Teamarbeit gehen davon aus, dass Krisen und Probleme entstehen, weil eine Abteilung oder ein Team unfähig ist, mit einer Situation adäquat umzugehen. Dem Team fehlen gewisse Kompetenzen, oder es zeigt Defizite in seiner Flexibilität. In der Arbeit mit dem SolutionCircle gehen wir davon aus, dass alle Fähigkeiten im Team vorhanden sind, um eine turbulente Situation optimal zu meistern. Als Coach besteht Ihre Aufgabe darin, das Team bei der (Wieder-)Entdeckung dieser „vergessenen" Ressourcen zu unterstützen. Es gilt, einen Rahmen zu schaffen, in dem die vorhandenen Ressourcen besser zur Geltung kommen können. In diesem Zusammenhang verstehen wir unter Ressourcen jedes verfügbare Werkzeug und jede verfügbare Fähigkeit, die zur Lösungsentwicklung verwendet werden können. Engagement, Motivation, Loyalität zum Unternehmen, Freundlichkeit oder Erfahrungen können Ressourcen sein – und nicht nur fassbare Werkzeuge, wie Zeit, Geld, Kommunikationswerkzeuge oder Fachwissen. Sogar Dinge, die zunächst negativ erscheinen, können in der Lösungsentwicklung positiv genutzt werden, wie etwa die Sturheit einzelner Teammitglieder oder Kundenreklamationen. Denn Sturheit beispielsweise deutet auf eine Fähigkeit hin, eine Meinung konsequent und mit viel Energie zu vertreten, während Reklamationen von Kunden Hinweise auf spezifische Wünsche an den Service oder an ein Produkt geben können.

Die Schwierigkeit besteht darin, diese Ressourcen zu erkennen und ihren Wert für die Zielerreichung bewusst zu machen. Auch hier kann die Arbeit mit Skalen, wie es die Abteilungsleiterin in unserem Beispiel praktizierte, hilfreich sein. Einfache Fragen, wie: „Was haben Sie dazu beigetragen, dass wir schon auf einer 2 stehen?" oder „Welche ihrer Fähigkeiten hat Ihnen geholfen, in dieser Art zu reagieren?", machen Ressourcen bewusst. Auf der Basis der persönlichen Stärken lassen sich Veränderungsprozesse wirkungsvoll durchführen, denn dadurch entstehen Zuversicht und Selbstvertrauen. Durch das Beleuchten der vorhandenen Ressourcen werden die Teammitglieder aktiv in ihren Stärken bestätigt. **Nicht Defizite sollen überbrückt, sondern die vorhandenen Fähigkeiten und Stärken beleuchtet und zur Lösungsentwicklung eingesetzt werden.**

Sich in der Arbeit mit einem Team immer wieder auf die vorhandenen Stärken zu konzentrieren, bringt viele Vorteile:

- Ist die Turbulenz im Team auch noch so gross und undurchschaubar, jedes Teammitglied besitzt Stärken, die sich ordnen und einsetzen lassen, damit sich die Qualität der Teamarbeit verbessert. Es hat sich gezeigt, dass auf den vorhandenen Stärken aufbauende Veränderungen leichter gehen als solche, die Defizite verringern wollen.
- Die Motivation der Beteiligten erhöht sich durch die gemeinsame Betonung der Stärken.
- Das Entdecken und Formulieren der Ressourcen erfordert ein gemeinsames Gespräch. Nicht der Coach weiss, was die Beteiligten brauchen, um eine passende Lösung zu erarbeiten, sondern die Beteiligten selbst entdecken aufgrund ihrer Ressourcen ihre massgeschneiderte Lösung, die sie umsetzen können.
- Zudem führt das Beleuchten von Ressourcen dazu, dass der Moderator des Prozesses nicht in Versuchung gerät, das Team oder einzelne Teammitglieder für ihre Schwierigkeiten zu verurteilen oder zu tadeln. Es führt eher dazu, staunend zu entdecken, wie es den Beteiligten gelingt – selbst unter schwierigen Umständen –, ihren Job zu meistern.

Der Leiter einer Forschungs- und Entwicklungsabteilung beanspruchte ein externes Teamcoaching bei mir. Er hatte die Abteilung vor knapp einem Jahr übernommen und sah sich mit vermehrter Kritik an seinem Führungsstil konfrontiert. Der Personaldienst hatte bereits mit ihm Kontakt aufgenommen und vorsichtig nachgefragt, ob er gegebenenfalls Interesse hätte, eine zusätzliche Führungsweiterbildung zu absolvieren. Die Teammitglieder waren gewohnt, unter hohem Druck schnell Resultate zu realisieren und Projekte für neue Produkte anzugehen und umzusetzen. Sie waren der Meinung, dass der neue Leiter die Entwicklungen schlecht in der Geschäftsleitung verkaufe, was zu Budgetkürzungen führe, und Produktentwicklungen auf halber Strecke eingestellt würden. Zudem verzögere er Projekte, indem er Entscheidungen nicht oder zu langsam fälle.

Als wir während eines der ersten Workshops Ressourcen beleuchteten, traten ganz spannende Erkenntnisse zutage. Dem Abteilungsleiter wurden Fähigkeiten, wie sehr hohe fachliche Kompetenz, Sorgfältigkeit in der Konzeptarbeit, äusserst genaues Arbeiten und Detailtreue, zugestanden. Zudem wurde er als äusserst präzise, differenziert und ehrlich wahrgenommen, immer im Bestreben, hoch qualifizierte Arbeit zu leisten und dabei jegliche Risiken zu eliminieren. Die Teammitglieder hatten ihre Ressourcen jedoch eher in einer anderen Richtung: Sie waren schnell, manchmal fast überstürzt im Handeln (andere staunten immer wieder, wie prompt Lösungen aus dieser Abteilung kamen) – und waren dabei auch mit einer 80%-Lösung zufrieden, denn Nachbessern konnte man schliesslich immer noch. Oft hatten Sie eine Lösung parat, ohne erst Konzepte zu schreiben oder fundierte Abklärungen zu treffen. Sie waren sehr kommunikativ, konnten andere für ihre Ideen begeistern und setzten sich manchmal bis an die Grenzen ihrer Belastbarkeit für ihre Projekte ein.

Als im Verlaufe des Workshops klar wurde, dass ganz unterschiedliche Ressourcen aufeinander trafen, die im ungünstigen Fall zu Konflikten führen – sich aber im günstigen Fall sehr gut ergänzen können –, war schon ein grosser Teil der Teamturbulenzen geklärt. Niemand hatte etwas absichtlich falsch gemacht und keiner brauchte zur der Zeit zusätzliche neue Kompetenzen. Es ging vielmehr darum, gemeinsam zu planen, wie die verschiedenen Ressourcen möglichst optimal eingesetzt werden konnten. Sollte ein Teammitglied mit dem Abteilungsleiter mitgehen, wenn es um Präsentationen ging? In welcher Form konnte die präzise Denk- und Konzeptarbeit des Abteilungsleiters in die Produktentwicklung einbezogen werden?

Mit diesen Fragen stand nun die Weiterentwicklung des Teams im Zentrum und nicht mehr die gegenseitigen Vorwürfe und Kränkungen. Der Abteilungsleiter hat etwas später dem Personaldienst gemeldet, dass er im Moment kein weiteres Führungsseminar besuchen werde.

Neue Sichtweisen gewinnen

Das IT-Team in der Krise: 3. Teil

Zum Abschluss des ersten Morgens explorierte das Team von Anna S. Möglichkeiten, um auch nur einen ganz kleinen Schritt weiter Richtung 10 zu kommen – keine Riesensprünge waren gefragt, sondern kleine Handlungen im Alltag.

Es ging aber nicht etwa darum, einen detaillierten Massnahmenplan zu erstellen, sondern verschiedenste Handlungsmöglichkeiten und deren mögliche Auswirkungen zu besprechen.

Nach dieser Sequenz, gegen Ende des Vormittags, entschied sich Anna S. eine kleine Beobachtungsaufgabe auf den nächsten Workshop hin zu formulieren, quasi eine kleine Hausaufgabe:

„Es steht jedem frei, etwas im Sinne der besprochenen möglichen neuen Handlungen nun im Alltag auszuprobieren – jeder kann für sich eine Massnahme umsetzen, oder auch nicht. Aber eine Aufgabe möchte ich allen mitgeben: Wir werden uns in drei Wochen wiedersehen: Wählt in diesen drei Wochen drei Arbeitstage aus, an denen ihr genau beobachtet. Sucht kleine Zeichen oder Vorboten des von euch gewünschten „Superteam"-Zustandes, die ihr jetzt schon erkennen könnt. Vielleicht sind es nur kleine, unscheinbare Zeichen – vielleicht auch nicht. Schreibt euch jeweils am Ende eures Beobachtungstages diese Zeichen auf. Das Gesagte gilt selbstverständlich auch für mich. Während des nächsten Workshops tauschen wir dann unsere Beobachtungen aus.

Ausserdem werden wir das nächste Mal konkret vereinbaren, welche Massnahmen wir gemeinsam umsetzen wollen."

Dieser Abschluss der Teamleiterin scheint auf den ersten Blick wirklich sehr offen, wenig greifbar. Was soll sich durch reines Beobachten denn schon verändern? In welcher Weise kann Beobachten denn den Prozess positiv beeinflussen? Wie soll durch Beobachten Veränderung entstehen?

Was hat sich Anna S. bei dieser Aufgabe überlegt?

„Während der Arbeit mit meinem Team merkte ich, wie unterschiedlich die einzelnen Wahrnehmungen der Probleme aussahen. Durch Aussagen von mir waren einige Mitarbeiter wie vor den Kopf gestossen, andere wiederum beschäftigten sie gar nicht. Ich wurde dadurch ein Stück weit in meiner Ansicht bestätigt, dass Konflikte eigentlich in den Köpfen jedes Einzelnen entstehen.

Probleme gibt es nicht – rein objektiv, meine ich –, vielmehr sind sie für die einen da und für andere nicht. Krisen werden, glaube ich, in den Köpfen der einzelnen Teammitglieder konstruiert, nicht willentlich oder bösartig, sondern aufgrund individueller Wahrnehmung.

Ich fragte mich, ob diese Beobachtungsaufgabe hilfreich sein könnte, um den Fokus der Aufmerksamkeit zu verändern. Indem die Teammitglieder ihr Interesse einzig und alleine auf erste Zeichen des Zielzustandes lenken, hoffte ich, dass alle Beteiligten Zeichen einer Veränderung finden würden. Wir können ja unsere Aufmerksamkeit auf alles Negative richten und werden immer noch mehr Negatives finden – umgekehrt sollte es dann auch funktionieren.

„Auf das nächste Treffen war ich wahnsinnig gespannt", berichtet Anna S. weiter, „merkte ich doch in diesen zwei Wochen eine vorsichtige Zurückhaltung zueinander. Ich selbst ging davon aus, dass der Kern des Problems einfach darin lag, dass ich als Frau ein IT-Team leite. Ich nahm an, dass meine Mitarbeiter dächten, ich hätte zu wenig fachliches Know-how, um sie zu führen. Das zweite Treffen war dann ein kleines Highlight. Wir brauchten eine ganze Stunde, uns gegenseitig zu erzählen, was wir bereits jetzt im Alltag entdeckt hatten und als kleine Vorboten unserer Teamzukunft interpretiert werden könnte. Einige hatten sich kleine Listen mit Vorkommnissen angelegt – andere berichteten eher aus dem Bauch heraus. Und jede Aussage war so etwas wie ein kleines Kompliment dem anderen gegenüber – meist nicht direkt oder förmlich. Aber jeder hörte, wie andere manchmal nur ganz kleine Dinge, die er gemacht hatte, toll fanden. Auch mir wurde indirekt gesagt, wie zwei fachliche Tipps, die ich in einem Migrationsprojekt gab, wirklich hilfreich waren. Offenbar wird meine Kompetenz doch anerkannt.

Der Fokus war ein für alle Mal geändert. Wir alle konnten unseren Bezugsrahmen neu setzen und sahen zum Teil mit anderen Augen auf uns und unsere Arbeit. Auch wenn unsere Probleme nicht behoben waren – so einfach ist es dann doch nicht –, wurden sie durch einige positive Zeichen ergänzt. Das setzte Energien frei, um die Massnahmen, die wir zum Schluss des zweiten Workshops festlegten, umzusetzen. Und die Zuversicht, diese auch tatsächlich zu verwirklichen, war enorm hoch. Denn alle erkannten, dass wir vieles bereits in dieser oder ähnlicher Form gemacht hatten. Es war klar: Gemeinsam konnten wir es schaffen!"

Neue Sichtweisen gewinnen

Die Aufgabe, welche die Teamleiterin ihrem Informatikteam gab, führt uns zum vierten Grundprinzip des SolutionCircles: Durch die fokussierte Aufmerksamkeit können neue Perspektiven gewonnen werden, was einen Lernprozess für alle Beteiligten initiiert und sowohl die Wahlmöglichkeiten als auch die Flexibilität eines Teams vergrössert. Die Erkenntnis der Teamleiterin, dass in gewissen Situationen ihr Fachwissen durchaus als sehr hilfreich anerkannt wurde, gab ihr einen neuen Blick auf die Situation. Es verschaffte ihr, neben dem Gefühl stressfreier führen zu können, auch die Sicherheit, künftig ihre Ideen vermehrt einzubringen.

Auf einen Punkt gerichtete Aufmerksamkeit ist wie gebündeltes Licht – das Ziel, worauf wir den Lichtstrahl richten, können wir erkennen und möglicherweise auch verstehen. Wählen wir den Fokus weit, ist eine ganze Landschaft zu erkennen; ist er eng, kann man ein einzelnes Blatt eines Baumes sehen. Dieses Blatt aber ist nicht der ganze Baum. Wie umfassend wir also eine Situation verstehen, hängt davon ab, wie viel Aufmerksamkeit wir allen wichtigen Aspekten und deren Beziehungen zueinander schenken. Richten wir unser Interesse jedoch auf einen zu engen Bereich – dann beispielsweise, wenn wir den so genannten Tunnelblick entwickeln und nur noch schwarz und weiss erkennen –, schränken wir unsere Flexibilität ein und setzen uns der Gefahr von Fehlurteilen aus.

Worauf wir uns konzentrieren, hängt mit unseren Erfahrungen und Wünschen zusammen. Ist jemand missgelaunt, wird er unzweifelhaft viele Anlässe finden, sich zu ärgern. Egal, wie viel Mühe man sich gibt, man kann ihm nichts recht machen. Fühlt sich die Sekretärin nicht von ihrem Vorgesetzten akzeptiert, findet sie täglich Zeichen, die ihr dies bestätigen. Da können harmlose Pausengespräche bescheinigen, dass der Chef einen nicht mag. Die Sekretärin legt den Fokus eng und untersucht jede Aussage ihres Vorgesetzten auf Zeichen hin, die ihre Annahme bekräftigen. Als Menschen können wir uns aber ganz bewusst entscheiden, worauf wir unsere Aufmerksamkeit legen. Wir haben die Wahl. Mit unserer Entscheidung setzen wir Prioritäten, die unser Handeln bestimmen. Jeder Mensch kann wählen, ob er seine Aufmerksamkeit ganz bewusst auf gewisse Aspekte legt – oder er kann zulassen, dass seine momentanen Stimmungen und unbewussten Wünsche gewissermassen die Aufmerksamkeit leiten. Viele Menschen kennen dieses Phänomen aus der Schule: Durch die fokussierte Aufmerksamkeit oder Konzentration ist es möglich, uns in ganz neue Stoffgebiete einzuarbeiten. Wir können Physik, Chemie, Latein oder Französisch lernen. Im konzentrierten Zustand ist man ganz bei sich selbst, sich seiner Absicht bewusst und ganz im Hier und Jetzt. Nun ist es möglich, Wörter einer fremden Sprache oder abstrakte Formeln zu lernen. Diese Tatsache ist insofern eine wichtige Erkenntnis für die Entwicklung von Teams, da sich – genau wie beim Lernen – Teams in jene Richtung entwickeln, in die sie ihre Aufmerksamkeit richten.

So kann sich auch die Sekretärin bewusst auf andere Aspekte der Zusammenarbeit mit ihrem Vorgesetzten konzentrieren, beispielsweise in welcher Form er Wertschätzung weitergibt, wie oft er pro Woche „Danke" sagt, oder auch, wie es ihr gelingen könnte, ihn zum Lachen zu bringen. **Dadurch, dass wir den Fokus unserer Aufmerksamkeit verändern, gewinnen wir neue Einsichten und erkennen – bildlich gesprochen – ganz neue Teile der Landschaft.** In der Arbeit mit Teams können Beobachtungsaufgaben ermöglichen, dass die einzelnen Mitglieder neue Blickwinkel einer Sache erfahren und dadurch in anderen Mustern zu denken beginnen. Dadurch entstehen neue Wahlmöglichkeiten und Handlungsspielräume.

SolutionSurfing

Wer ein Team führt, weiss meist viel von kleineren und grösseren Turbulenzen zu berichten, die es zu meistern gilt: Mitarbeitende vertreten eine andere Meinung als ihr Vorgesetzter, unerwartete Probleme treten auf, unterschiedliche Ansprüche an Arbeitsqualität treffen aufeinander, Projekte werden gestoppt, Kunden reklamieren etc. Diese Vorkommnisse sind wie Wellen - Wellen der Teamdynamik, Wellen des Wandels. Dabei gibt es mindestens drei Alternativen mit diesen Wellen umzugehen:

- sich mit aller Kraft gegen diese Welle stemmen (Hier bestimme ich! Ich will keine Veränderung!),
- sich einfach ducken (vielleicht wird es nicht so schlimm, wenn man überrollt wird) oder
- auf der Welle surfen (die Energie nutzen um das Ziel gemeinsam zu erreichen).

Um die Kraft der Welle zur eigenen Fortbewegung zu nutzen muss man fit sein – körperlich und geistig, mutig und begeistert. Man muss nach vorne schauen und nicht dauernd nach hinten. Stellen Sie sich vor, Sie stehen auf der perfekten Welle in der Brandung des Ozeans. Sie nutzen die vorwärts gerichtete Kraft der Welle, um Ihren Zielstrand zu erreichen. Hoch konzentriert und im völligen Gleichgewicht, stehen Sie auf der Wellenkrone, hören das Tosen und Donnern unter sich und nutzen die vorhandene Energie elegant und leicht aus.

Das ist SolutionSurfing: Basierend auf den vier Grundprinzipien des SolutionCircles nutzen Sie die Teamdynamik im Alltag erfolgreich.

SolutionSurfing steht für die Art des Umgangs mit Herausforderungen im Berufsleben. SolutionSurfers haben kraftvolle Ziele vor Augen, konzentrieren sich auf Lösungen und deren erfolgreiche Umsetzung. Sie nutzen die zielgerichtete Energie der Welle und lassen sich nicht von ihr erschlagen. SolutionSurfing bringt ein Gleichgewicht in eine Welt, in der die Hindernisse allzu oft im Zentrum des Bewusstseins und der Aktivitäten stehen.

Turbulenzen im Team sind Chancen. Nutzen Sie die Wellen, um zum ersehnten Strand zu gelangen. Die genannten vier Grundprinzipien des SolutionCircles können Ihnen dabei als Surfbrett dienen, das Ihnen den aufregenden Wellenritt zum Erfolg ermöglicht.

Die vier Grundprinzipien im Überblick

Lösungen fokussieren	Sprechen Sie über Lösungen, anstatt über Probleme!
Auf Erfolge aufbauen	Wenn etwas gut funktioniert, tun Sie mehr davon!
Ressourcen beleuchten	Erfragen Sie die Kompetenzen und Fähigkeiten!
Neue Sichtweisen gewinnen	Verändern Sie den Fokus der Aufmerksamkeit!

3. Der SolutionCircle Schritt für Schritt

„Kein Problem kann durch dasselbe Bewusstsein gelöst werden,
durch das es geschaffen wurde."
Albert Einstein

Mit Hilfe der auf den nächsten Seiten beschriebenen acht Schritte können Sie komplexe Situationen im Team lösen und gemeinsame Ziele erfolgreich erreichen. Die Unterteilung des SolutionCircles in acht Schritte ist sinnvoll, weil dadurch die einzelnen Elemente klarer dargestellt werden können. Problemsituationen in Teams sind naturgemäss sehr unterschiedlich. Manchmal treten sie unverhofft in Abteilungssitzungen auf und wollen sogleich bearbeitet werden. Hier können Sie einzelne Elemente des SolutionCircles direkt anwenden – gezielte Fragen stellen oder gemeinsam eruieren, was denn in der Vergangenheit bezüglich dieser Problemstellung schon funktioniert hat.
Sind die Situationen sehr komplex, die Spannungen gross, ist es am wirksamsten, wenn sich das Team eine Auszeit nimmt und gemeinsam einen speziellen Workshop zu den spezifischen Themen durchführt. Meist wird ein derartiger Workshop von einer Person moderiert – dies kann der Teamleiter oder die Teamleiterin sein, ein interner oder externer Berater. In solchen Situationen können die acht Elemente eine nützliche Workshopstruktur bieten.

Das Himmel-und-Hölle-Prinzip
Die einzelnen Elemente der SolutionCircles haben keine sture und eindeutige Abfolge, vielmehr sollen sie der Situation angepasst werden. Manchmal ist es sinnvoll, zwei Schritte zu überspringen und erst später wieder zum Ausgangspunkt zurückzugehen. Je besser Sie die einzelnen Elemente kennen und anwenden können, umso leichter wird es Ihnen fallen, situationsgerecht zu agieren. Vielleicht erinnern Sie sich an jene kleinen Hüpfspiele, die Sie in ihrer Kindheit mit Kreide auf die Strasse gemalt und mit anderen Kindern gespielt haben. Himmel und Hölle beispielsweise. Zwar stehen da auch acht Felder mit den Zahlen 1 bis 8 – doch sie werden in ganz unterschiedlichen Hüpffiguren angegangen; einbeinig, zwei Felder auf einmal, dann wieder rückwärts und mit einer halben Drehung dazwischen – je nachdem, wo der Spielstein

landet. So wählen Sie je nach Situation die passende Vorgehensweise. Dabei sind die vier Grundprinzipien immer von zentraler Bedeutung: Fokussierung der Lösung, Arbeit auf der Grundlage dessen, was bereits funktioniert, das Beleuchten der Ressourcen und der Perspektivenwechsel. Die einzelnen Elemente im SolutionCircle stelle jeweils einzelne Aspekte dieser Grundprinzipien in den Vordergrund.

Begriffsklärung: Moderator – Coach

In der nachfolgenden Darstellung verwende ich der Einfachheit halber den Begriff „Coach" für die Person, die das Team durch den SolutionCircle begleitet: sei es die Projektleiterin, der Abteilungsleiter, die interne Personalentwicklerin oder ein externer Berater. Den SolutionCircle als Coach zu moderieren, heisst, dass Sie hauptsächlich durch lösungsentwickelndes Fragen den Rahmen für den Prozess schaffen. Der Coach ist eine Art Begleiter, der sich an den vereinbarten Zielen orientiert und mit Sorgfalt und Wertschätzung arbeitet.

Er bekleidet nicht die Rolle, seine Ideen durchzubringen oder Aufgaben anzuordnen. Wenn der Prozess erfolgreich initiiert und weitergeführt werden soll, wird der Coach die Verantwortung für die nachhaltige Lösungsentwicklung ans Team abgeben müssen.

Die einzelnen Schritte im Überblick

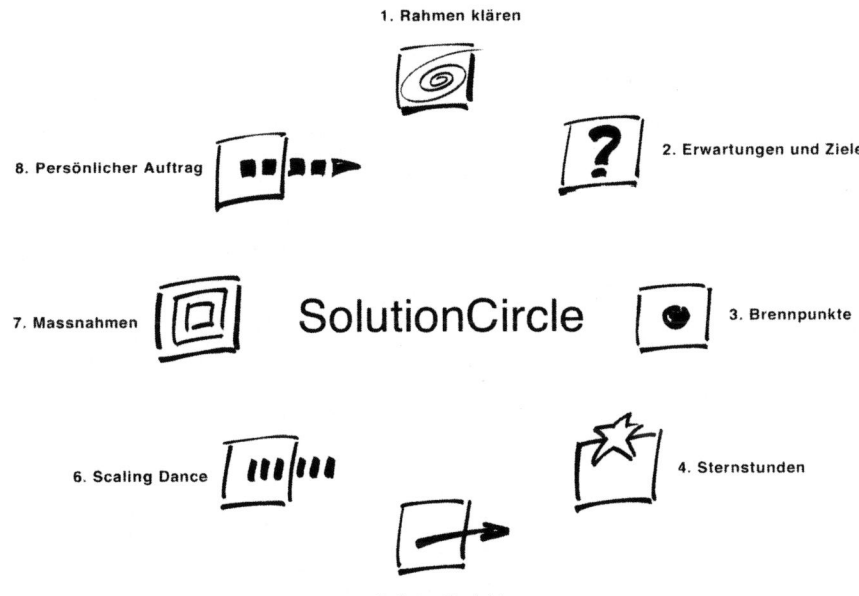

1. Rahmen klären

8. Persönlicher Auftrag

2. Erwartungen und Ziele

7. Massnahmen

SolutionCircle

3. Brennpunkte

6. Scaling Dance

4. Sternstunden

5. Futur Perfekt

1: Rahmen klären

Ziel

Dieser erste Schritt dient dazu, den Rahmen zu klären, Vertrauen zum Moderator bzw. Coach aufzubauen und sich gemeinsam darüber zu einigen, was benötigt wird, damit alle mit Engagement mitarbeiten können.

Die Teammitglieder werden mit den unterschiedlichsten Vorstellungen, was nun passieren wird, an den Start gehen. Vielleicht sind sie etwas abwartend, unsicher, oder sie freuen sich darauf, endlich „auspacken" zu können. In diesem ersten Schritt gilt es, die gemeinsame Workshoparbeit so vorzubereiten, dass alle in Sicherheit und mit dem Vertrauen darauf, nicht blossgestellt oder unfair behandelt zu werden, mitarbeiten können.

Vorgehen
Vorgeschichte klären

Als Coach erläutere ich zuerst, wie es dazu gekommen ist, dass nun alle im gleichen Raum an einem Thema arbeiten. Ich berichte kurz über meine absolvierten Vorgespräche, über eventuelle Abmachungen und wichtige Informationen, die ich erhalten habe. Ein bedeutsamer Punkt ist auch die Klärung der Rahmenbedingungen, die nicht zu verändern sind.

Von aussen erkennbare Ressourcen nennen

Als Coach können Sie zu Beginn erzählen, was Sie bereits über das Team erfahren haben, und versuchen, die speziellen Eigenschaften und Leistungen des Teams aufzuzählen. Geschichten und Leistungen, die das Team aus ihrer Sicht einzigartig machen und Ihnen bemerkenswert erscheinen. Sie sprechen also Ressourcen an, die Sie dem Team (auch wenn Sie als externer Berater bisher noch nie mit dem Team gearbeitet haben) zusprechen. Dies ist ehrlicherweise (und ich spreche die Ressourcen nur an, wenn ich persönlich auch davon überzeugt bin – es geht hier um Echtheit und nicht um irgendeine Taktik!) nur möglich, wenn Sie sich in der Vorbereitung bereits auf diesen Aspekt konzentriert und ihn ganz bewusst in die Planung integriert haben.

Blick auf die Lösung

An dieser Stelle ist es hilfreich, kurz auf die Arbeitsmethodik einzugehen. Es geht in diesem Workshop weniger darum, die verschiedenen Probleme genau zu analysieren. Vielmehr wollen wir den grossen Teil der Zeit darauf verwenden, Lösungen zu entwickeln. Im Zentrum steht also nicht die Vergangenheit und wer was falsch gemacht hat, sondern die Frage, wie wir hier eine erfolgreiche, gemeinsame Zukunft bauen können!

Rollen klären

Vorab sollte als wichtiger Aspekt festgehalten werden, dass der Coach für diesen Workshop die Struktur und den Rahmen schafft, den Verlauf koordiniert und viele Fragen stellen darf, die Teilnehmenden jedoch den Inhalt bieten und Lösungen entwickeln.

Spielregeln festhalten

Auf einem Flipchart werden Verhaltens- oder Kommunikationsregeln gesammelt, die den Teilnehmenden für eine engagierte Mitarbeit wichtig sind. Sie können als „Spielregeln der Zusammenarbeit" bezeichnet werden, die gemeinsam festgehalten und in Kraft gesetzt werden.

Hilfreiche Fragen

*   Welche Kommunikationsregeln sollen in diesem Workshop eingehalten werden, damit alle gut mitarbeiten können?
*   Woran merkt man genau, dass wir hier sachlich diskutieren. Was tun wir dann – oder tun wir eben nicht?
*   Sind alle damit einverstanden, dass diese Spielregeln die Basis bilden, auf der wir heute unsere Arbeit aufbauen?

Beispiel:

__Spielregeln für den Workshop__

- Was heute diskutiert wird, bleibt in diesem Raum! (Vertraulichkeit!)
- Wir lassen einander ausreden!
- Jede Meinung zählt!
- Der Coach darf nicht parteiisch sein!
- Jeder soll sich hier drin blamieren dürfen – damit er sich draussen nicht mehr blamiert!
- Wir diskutieren sachlich und ruhig!

2: Erwartungen und Ziele

Ziel

Ziel dieses Schrittes ist es, die Erfolgskriterien für die Sitzung zu definieren. Welche Ziele müssen erreicht und welche Erwartungen erfüllt sein, damit eine Mitarbeit sich überhaupt gelohnt hat?

Hier werden die gemeinsamen Kriterien festgelegt, woran das Team zum Schluss kontrollieren kann, ob die Arbeit erfolgreich war. Unter Umständen sind die Erwartungen unterschiedlich und zum Teil auch diffus. In diesem Schritt werden sie konkretisiert und gegenseitig abgeglichen. Wichtig ist, dass die Erwartungen und Ziele gemeinsam erarbeitet und nicht von irgendjemandem vorgegeben werden. Diese Vorgehensweise zeigt den Beteiligten, dass ernsthaft auf die einzelnen Bedürfnisse eingegangen wird und ein Engagement von jedem Teilnehmenden bedeutsam und wertvoll ist. Es erhöht die Identifikation mit der Arbeit und die Zuversicht, an einem Ort zu landen, der für jeden Beteiligten etwas bietet.

Vorgehen
Variante 1:

Bei kleineren Teams können Sie die Erwartungen und Ziele gemeinsam auf einem Flipchart sammeln. Der Coach sollte sich dabei ruhig Zeit nehmen, bei jedem Einzelnen die Erwartungen abzuholen: Er darf Rückfragen (Fragen nach dem Ziel) stellen, um zu erfahren, wie es denn genau sein wird, wenn diese Erwartungen erfüllt, diese Ziele erreicht werden. Solche kurzen Einzelgespräche sind auch interessant für die anderen Teammitglieder und tragen oft schon viel zur Klärung und zum gegenseitigen Verständnis bei.

67

Variante 2:

In grösseren Teams (ab zehn Teammitgliedern) kann man diesen Schritt auch in kleineren Gruppen ausführen lassen:

a)   Generelle Aufgabe formulieren: Erwartungen und Ziele dieses Workshops in 3er- bis 4er-Gruppen auf Flipchart festhalten.

b)   Flipcharts aus den Gruppen nebeneinander im Raum aufhängen.

c)   Verständnisfragen stellen. Rückfragen zur Präzisierung einzelner Aussagen. Eventuelle gemeinsame Anliegen markieren.

Während einer kurzen Pause können die verschiedenen Aussagen auf einem Flipchart zusammengefasst werden. Entscheidend dabei ist, dass man nicht neu formuliert, sondern die Formulierung der Teammitglieder übernimmt. Diese Zusammenfassung soll dann wieder kurz dem ganzen Team vorgestellt werden.

Hilfreiche Fragen

*   Was soll in diesem Workshop passieren, damit es sich für die Teilnehmenden wirklich gelohnt hat, mit dabei gewesen zu sein?
*   Was soll am Schluss dieses Workshops anders sein als vorher?
*   Woran werden Sie merken, dass Sie dieses Ziel erreicht haben?
*   Wenn gemeinsam dieses Ziel erreicht wird, woran würden Ihre Kunden das merken?
*   Wenn Sie diese Erwartung an den Workshop haben, was denken Sie, wie wahrscheinlich ist es aus Ihrer Sicht, dass diese Erwartung erfüllt werden kann?

Ziele zu hoch angesetzt?

Normalerweise sind Teams sehr realistisch bezüglich ihrer Erwartungen. Es gibt aber auch welche, die eine unendlich lange Liste an Erwartungen erstellen und die Ziele sehr hoch ansetzen. Wenn Skepsis aufkommt, ob wirklich alles erreichbar ist, kann man durchaus versuchen, die Liste der Erwartungen zu priorisieren oder nach der Wahrscheinlichkeit der Zielerreichung fragen. Vielleicht hilft auch der Hinweis, dass das Team sich nun gemeinsam auf den Weg begibt und sich Schritt für Schritt den hoch gesteckten Zielen annähern wird.

Beispiel: Erwartungen und Ziele

Teammitglied: Dieser Workshop war erfolgreich, wenn ich hier endlich mal alles abladen kann, was mich schon lange ärgert.

Coach: O.k.! Wenn wir Ihnen also Zeit und Raum geben, damit Sie die Möglichkeit haben, all das zu sagen, was Sie an den anderen stört – was wäre dann genau anders nachher?

TM: Ich glaube, die anderen vom Team würden dann erkennen, dass auch sie Fehler machen, und aufhören, hinter meinem Rücken über mich zu tratschen.

Coach: Nehmen wir an, uns gelingt das wirklich und das Tratschen hinter Ihrem Rücken hört nach dem heutigen Tag auf. Können Sie sich das vorstellen? (Kurze Pause) Das Tratschen hat also aufgehört – aber woran würden Sie es merken, dass es aufgehört hat?

TM: (denkt nach) Hm. Ich glaube, ich würde es an den Blicken merken, wenn ich in die Kaffeepause komme. Sie wären offener, direkter. Und auch am Feedback: Wenn ich etwas verbockt habe, dann kämen sie direkt auf mich zu und würden mir sagen, was nicht gepasst hat. Also ganz direktes Feedback und nicht so verschlungen in einer Mail oder so.

Coach: Wenn Ihre Kolleginnen und Kollegen dies tun würden, wie wäre Ihre Reaktion darauf?

TM: Ich wäre wahrscheinlich ebenfalls offener und würde vielleicht häufiger mit ihnen zum Mittagessen gehen. Ich kann mir vorstellen, auch sicherer zu werden, in dem was ich tue, und würde dadurch weniger Fehler machen. Ausserdem könnte ich sicher sein, dass ich meinen Job gut mache, solange ja kein Feedback kommt, ist es ja dann o.k.!

Coach: Ja, das klingt gut und sehr fassbar! Was soll ich jetzt hier auf das Flipchart schreiben? Wie wollen Sie ihr Ziel formulieren?

TM: Hm. Ziel ist es, dass die anderen nicht mehr hinter meinem Rücken über mich tratschen!

Coach: Ich formuliere die Ziele gerne positiv. Was sollen also die anderen stattdessen tun?

TM: Für mich hat sich der Workshop gelohnt, wenn ich in Zukunft sicher sein kann, dass man mir Kritik direkt mitteilt.

3: Brennpunkte

Ziel

In diesem Schritt werden die Themen fixiert, in denen eine Verbesserung eintreten soll.

Oft überlagern eine Reihe Themen einander, Konfliktherde werden von den Teammitgliedern unterschiedlich stark wahrgenommen und erlebt. In diesem Schritt sollen die divergenten Sichtweisen transparent werden. Zudem können hier Prioritäten gesetzt werden: Welche Themen sollen als Erstes bearbeitet werden?

Vorgehen

a) Sämtliche Teilnehmenden schreiben auf Moderationskärtchen Stichworte von unguten, störenden oder unbefriedigenden Erlebnissen oder Situationen. Diese Kärtchen werden anschliessend an eine grosse Wand geheftet.

b) Nachdem alle ihre Kärtchen aufgehängt haben, besteht die Gelegenheit, zu einzelnen Stichworten Verständnisfragen zu stellen. Es geht um die Klarlegung, was mit diesem oder jenem Begriff gemeint ist. Die einzelnen Aussagen können im Raum stehen bleiben, da die Person sie wohl genau so erlebt und wahrgenommen hat. Sie brauchen also keine Rechtfertigung oder Entschuldigung zu geben. Wenn sich eine Diskussion ergibt, soll ihr Platz eingeräumt werden: Der Austausch von unterschiedlichen Wahrnehmungen trägt zum gegenseitigen Verständnis bei und wirkt klärend. Allerdings soll darauf geachtet werden, dass dieser Austausch so lange wie nötig – aber auch so kurz wie möglich – gestaltet wird.

c) Die einzelnen Aussagen werden sinnvoll zu Gruppen zusammengefasst und unter ein Oberthema gesetzt. Diese Einordnung kann auf der einen Seite gemeinsam mit dem Team geschehen. Auf der anderen Seite besteht aber auch die Möglichkeit, eine Vorsortierung während der Mittagspause vorzunehmen und diese dann dem Team als Vorschlag zu präsentieren.

d) Nachdem die verschiedenen Oberthemen formuliert worden sind, geht es anschliessend um die Erarbeitung einer Prioritätenliste, was insbesondere dann der Fall ist, wenn viele Oberthemen gefunden wurden. Jedes Teammitglied kann entscheiden, welches dieser Themen es für sich als wirklich zentral erachtet, und sich mit seinem Namen dort eintragen. Dadurch ergeben sich verschiedene Interessengruppen, die an diversen Themen arbeiten wollen. Es geht somit in diesem Schritt nicht darum, das ganze Team an einem einzigen Thema arbeiten zu lassen, sondern jedes Teammitglied sollte dort mitarbeiten können, wo es bereit ist, Energien und Engagement für eine Veränderung einzubringen.

Am Schluss des dritten Schrittes sind also verschiedene Oberthemen formuliert und Interessengruppen gebildet, die einzelne Themen bearbeiten möchten.

Hinweis

Es gibt Coachs, die diese Phase weglassen. Sie sehen diesen dritten Schritt als eine Verdoppelung der Phase „Erwartungen und Ziele"– und zudem als sehr problemorientiert – an. Der SolutionCircle funktioniert auch ohne diesen Schritt. In der Praxis hat sich gezeigt, dass diese Phase, die zum besseren gegenseitigen Verständnis beiträgt, speziell in Konfliktsituationen geschätzt wird. Oft können einzelne Teammitglieder erst in die Zukunft schauen, wenn sie einen passenden Ort gefunden haben, um die negativen Erlebnisse der Vergangenheit zu deponieren.

Beispiel:

In einem Team von Verkäuferinnen und Verkäufern ergab sich folgende Liste mit Brennpunkten (Oberthemen). Ihre Formulierung hat das Team selbst festgelegt – für sie waren die Begriffe klar. Für den Leser können sie als Illustration dienen, wie und in welcher Form diese Oberthemen auftauchen können.

Brennpunkte

- unklare, z.T. widersprüchliche Verkaufsstruktur
- Zusammenarbeit mit anderen
- Führung
- kein Wissensaustausch
- Dreamteam
- Stimmung im Team

Hinter jedem dieser Begriffe stecken verschiedenartige Erlebnisse der Teammitglieder, Deutungen von Verhalten anderer, Wahrnehmungen und Inter-
pretationen von Aussagen und Handlungen.

Vom zehnköpfigen Verkaufsteam haben sich dann zwei Personen um das Thema „Dreamteam" gekümmert, fünf setzten sich mit Fragen der Verkaufsstruktur auseinander und drei (inklusive der Verkaufsleiter) mit dem Thema Führung.

4: Sternstunden

Ziel

Die Beteiligten machen sich auf die Suche nach Situationen, in denen das Problem oder der Konflikt weniger oder gar nicht aufgetreten ist. Sie finden heraus, mit welchen Fähigkeiten sie dies geschafft haben.

Was in der Vergangenheit funktioniert hat, erweist sich oft als Vorbote praxisnaher Lösungen. Hat sich das Team im vorherigen Schritt vornehmlich mit eher belastenden Situationen beschäftigt, richtet sich nun unser Blick auf all jene Begebenheiten, in denen etwas geschah, von dem sich das Team wünscht, dass es weiterhin so bleibt. Wir benennen Sternstunden, suchen Erfolgserlebnisse und untersuchen, welche Ressourcen es dem Team ermöglichten, diese Erfolge für sich zu verbuchen.

Damit den Beteiligten dieser nicht ganz einfache Schritt gelingt, ist eine Einleitung des Coachs hilfreich, etwa im Sinne von:

„Alles läuft ja nicht schief in diesem Team, sonst hätten wahrscheinlich schon alle hier gekündigt. Also muss es Sternstunden (Erfolgserlebnisse) im Alltag geben. Richten wir unseren Blick einen Moment auf das, was bereits funktioniert hat. Nachdem wir uns mit dem beschäftigt haben, was in den letzten Monaten alles als Belastung empfunden wurde, versuchen wir nun unser Bild abzurunden. Welche Sternstunden durften sie in den letzten Wochen und Monaten erleben?"

Vorgehen

In kleinen Teams kann der Coach gemeinsam sammeln. Er wird Rückfragen stellen, um Aussagen besser verständlich zu machen sowie auch kleine Sternsekunden gebührend zu würdigen und Ressourcen zu bestärken.

In grösseren Teams sollte man in kleinen Gruppen arbeiten, die ihre Sternstunden nachher im Plenum erzählen.

H-O-E-R

Sternstunden stellen Ausnahmen dar, in denen die Schwierigkeiten nicht oder weniger auftraten. Sie bieten demnach die Gelegenheit, genau zu erkunden, in welchen Situationen die Beteiligten Ressourcen zeigten, die sie auch für die Lösung
nutzen können. Das Vorgehen als Coach bei dem Gespräch über Sternstunden,
egal, wie vage oder unsicher die Einzelnen von oft unscheinbaren Begebenheiten
berichten, lässt sich in der Abkürzung „HOER" (nach Insoo K. Berg und P. De Jong,
Lösungen (er-)finden) zusammenfassen:

H: Heraushören der Sternstunde. Oft werden von den Beteiligten kleine und auf
den ersten Blick unbedeutende Situationen als Sternstunden genannt, etwas vage
und unverbindlich. Wer hier nicht aufmerksam zuhört, kann leicht wichtige Aus-
nahmezeiten überhören, in denen die Probleme nicht oder nur wenig auftraten.

O: Offener machen und ausweiten. Letzteres meint in diesem Zusammenhang in
erster Linie, die Einzelnen beschreiben zu lassen, wie sich die Sternstunden von
den Problemzeiten unterscheiden. Ausserdem sollte erkundet werden, wie die
Ausnahme entstanden ist, und insbesondere, welche Rolle die Erzählerin bzw. der
Erzähler dabei gespielt hat.

E: Ermächtigen und verstärken. Ein grosser Teil des Verstärkens besteht daraus,
Sternstunden zu würdigen, sich die Zeit für eine sorgfältige Erkundung zu nehmen
und Komplimente zu machen.

R: Retour gehen. Das R erinnert den Coach, im Kreislauf zu bleiben und nochmals
zurückzugehen, quasi wieder von vorne zu beginnen und zu fragen: „Und was noch?"

Hilfreiche Fragen

- Welche Begebenheiten gab es in den letzten Wochen, die bezüglich der
  Fragestellung wie eine kleine Sternstunde erschienen?
- Was war dabei genau anders?

- Was hat Ihnen geholfen, in dieser Art zu reagieren?
- Was haben Sie dazu beigetragen, dass Ihr Kollege so reagiert hat?
- Wenn Sie sagen, Sie finden keine Sternstunde in den letzten Monaten, gab es dann vielleicht eine Situation, in der der Konflikt einfach etwas weniger heftig auftrat? Was haben Sie dazu beigetragen – was andere?
- Was könnten wir aus diesen Sternstunden für die Lösung der Problemstellung lernen?

Beispiel:

In einem technischen Produktionsbetrieb arbeiten viele Ausländer, die hauptsächlich manuelle Tätigkeiten ausüben. In einem der Produktionsteams wurde das Thema „Führung" als eines der Brennpunktthemen bestimmt. Nachfolgend einige Zitate der Mitarbeiter, nachdem sie in Dreiergruppen gemeinsam Sternstunden bezüglich dieses Themas gesucht hatten:

„Wir hatten Rückstände. Da kam der Teamleiter zu mir und fragte, ob ich länger arbeiten würde. Ich fand es gut, dass er zu mir kam und mich fragte. Das ist ja nicht selbstverständlich, dass wir alle einfach länger bleiben. Als der Teamleiter dann später zu jedem kam und sich persönlich bedankte – das war klasse."

„Beim Projekt X hat man mir völlige Freiheiten gelassen. Ich musste einfach die vereinbarten Ziele erreichen. Hier erlebte ich ein Supervertrauen mir gegenüber!"

„Meistens hören wir hier nur, wenn wir etwas falsch gemacht haben. Durch meinen Vorschlag, wie man die Auslieferung verbessern könnte, kam der Chef auch mal bei mir vorbei und hat mich dafür gelobt. Ich fühlte mich sicherer und besser dadurch. Sein Vertrauen war da."

„Mir hat an Frau M. gefallen, wie gut sie zuhören kann und andere bei privaten Problemen unterstützt. Sie ist wirklich die gute Seele des Teams und hat immer für jeden Zeit! Sie hat mir mal geholfen, als ich mit einer Kollegin Streit hatte."

„Eine Sternstunde erlebte ich, als mich der Teamchef hinzugezogen hat, um eine neue Mitarbeiterin in unsere Arbeit einzuführen. Dies hat ihn entlastet und mir die manchmal eintönige Arbeit etwas farbiger gemacht."

5: Futur Perfekt

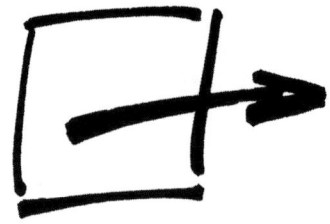

Ziel

Im Futur Perfekt entwirft das Team eine möglichst präzise Vorstellung einer Zukunft, in der die Probleme gelöst sind.

Das Futur Perfekt bringt die Teammitglieder auf eine elegante Weise dazu, klare, zukunftsorientierte Ziele zu bilden, was die Lösungsfindung enorm erleichtert. Dieser Schritt fokussiert die Aufmerksamkeit auf die Lösungsebene – und da wir von einer „perfekten" Zukunft sprechen, erlaubt es den Betroffenen, das jeweils grösste Spektrum an Möglichkeiten auszumalen. Durch die Aufgabenstellung werden sie angeregt, weitläufig zu denken und kreative Ideen zu entwickeln.

Vorgehen

Das Futur Perfekt wird aus den im Schritt „Brennpunkte" gebildeten Interessengruppen erarbeitet, die die Aufgabe erhalten, die Zukunft ihres Themas möglichst präzise zu beschrieben und festzuhalten. Diesen Schritt kann man beispielsweise folgendermassen einleiten:
Ich möchte für den nächsten Schritt eine etwas merkwürdige Frage stellen. Ich bin mir sicher, dass sie für unsere Zwecke wirklich hilfreich ist, aber sie verlangt einiges an Vorstellungskraft und Kreativität. Wären Sie einverstanden, wenn ich die Frage stellen würde?

Hilfreiche Fragen

–   Wenn wir in diesem Workshop wirklich sehr erfolgreich wären und sich das Team dabei genau nach unseren Wünschen entwickeln würde – wo würde das Team dann in zwei Jahren stehen?
–   Was wird dann genau anders sein?
–   Was werden Sie anderes machen?

- Was werden dann die Kunden über dieses Team sagen?
- Woran würde ich als Coach in zwei Jahren merken, wenn ich wieder mit diesem Team zu tun hätte, ob sich vieles zum Guten verändert hat?

<u>Bei der anschliessenden gegenseitigen Präsentation ist wichtig, dass jede Idee, jede Vorstellung vorerst als richtig und zulässig anerkannt wird.</u> Die Diskussion: „Das ist ja gar nicht möglich, weil ...", soll nicht hier stattfinden. Es geht einzig und allein darum, Vorstellungen und Ideen auszutauschen.

Der Coach kann nach den Präsentationen der Interessengruppen nachfragen: „Ist diese Zukunftsvorstellung sehr attraktiv für die Gruppe, die sie erarbeitet hat? Ist die Energie vorhanden, in diese Richtung zu arbeiten?"

In kleineren Teams und bei nur einem Thema kann die Zukunftsvorstellung gemeinsam erarbeitet werden.

6: Scaling Dance

Ziel

Die einzelnen Mitglieder des Teams schätzen die heutige Situation ein. Es geht darum, herauszufinden, was in der Vergangenheit bereits gut funktioniert hat.

Skalen können sehr vielfältig eingesetzt werden – sie verkörpern ein wunderbares Mittel, Dinge auf den Punkt zu bringen. Skalen werden so gestaltet, dass sie bei der höchsten Ziffer (normalerweise 10) den Idealzustand und auf der gegenüberliegenden Seite (bei 1) das absolute Gegenteil beschreiben. Der Einsatz von Skalen hilft, vom Schwarz-Weiss-Denken wegzukommen. Verschiedene Zwischentöne werden eingeführt und dadurch wird differenzierter miteinander diskutiert.

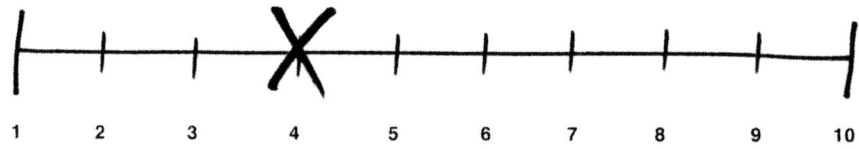

Mit der Skala auf den Punkt bringen.

Bei der Anwendung von Skalen im SolutionCircle interessiert der Unterschied zwischen der Einschätzung eines Teammitgliedes (beispielsweise 5) und der 10 nicht. Interessant erscheint vielmehr der Grund, weshalb die Einschätzung bereits auf 5 steht. Spannend ist der Unterschied zwischen 1 und 5: Was ist denn bereits gelungen? Welche Ressourcen konnten eingesetzt werden? Der Coach kann die Skalen auf ein Flipchart zeichnen oder mit Klebeband auf den Boden befestigen. Die Teilnehmenden setzen dann Punkte oder stellen sich auf die passende Stelle der begehbaren Skala. Bei der Einführung muss

darauf geachtet werden, dass den Teilnehmenden klar ist, dass die Einschätzungen eine momentane Situationsbeschreibung darstellen und sehr individuell sein dürfen. Oftmals lassen sich die gewählten Einschätzungen der Einzelnen nicht miteinander vergleichen, da sie subjektiv wahrgenommen werden. Skalen taugen darum nicht als Mittel um „Befindlichkeitsdurchschnitte"
zu messen, sonder eher dazu, Unterschiede transparent zu machen und Fein-
heiten in der Einschätzung zu erkennen.

Auch hier kann sich der Coach die Freiheit nehmen, bei Einzelnen im Team
nachzufragen. Bei grösseren Gruppen bietet sich ein Austausch über die Frage: „Was macht es denn aus, dass wir schon auf einer X stehen?", an, um in
einem kurzen Zweiergespräch beantwortet zu werden.

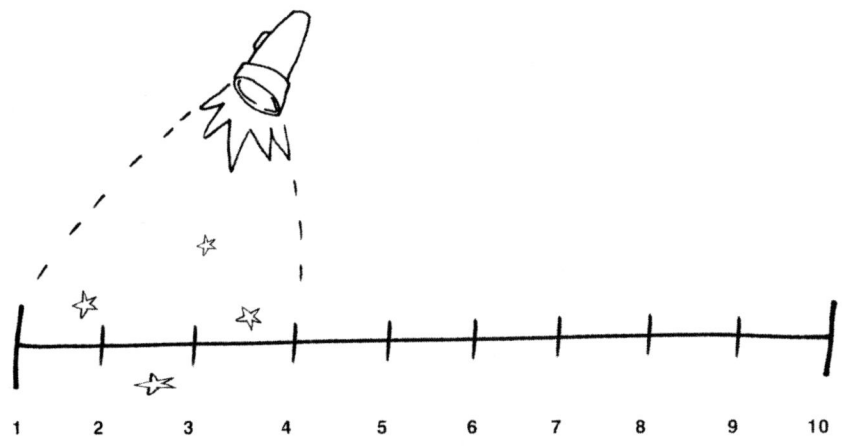

Ressourcen entdecken und beleuchten.

Prinzipien für den erfolgreichen Tanz auf den Skalen

1. Arbeit mit Skalen einleiten

Da der Scaling Dance eine Art Reflexionszeit für das Team darstellt und sich gegenüber der vorangegangenen Phase (Entwicklung von Zukunftsvorstellungen) unterscheidet, sollten Sie einen klaren Übergang zur Arbeit mit Skalen schaffen. Gezeichnete
Skalen auf dem Flipchart oder am Boden zeigen diese neue Arbeitsphase an.

2. Auf Einschätzungen vertrauen

Fortschritte in Teamprozessen und deren individuelle Einschätzung sind überraschend subjektiv. Es bewährt sich, diese sehr persönlichen Bewertungen des Gegenübers als Gesprächsgrundlage aufzugreifen. Statt auf Unterschiede zwischen Ihrer eigenen Sichtweise und der Wahrnehmung der anderen Person zu pochen, sollten Sie die Antworten Ihrer Gesprächspartner nutzen. Sie stellen eine Gelegenheit dar, im Gespräch zu bleiben, und bieten hinreichend Stoff für wirkungsvolle Skalenfragen. Legen Sie schon in der Einleitung Wert darauf, dass nun eine momentane und subjektive Einschätzung des Einzelnen ermöglicht wird, die durchaus später wieder geändert werden kann. Die Teilnehmer können keine falsche Einschätzung geben – jede Positionierung ist genau richtig.

3. Keine Durchschnitte errechnen

Einschätzungen auf Skalen lassen sich angesichts jeweils subjektiver Kriterien nicht arithmetisch vergleichen, denn was beispielsweise eine 2 in der Bewertung eines Teammitgliedes bedeutet, wird nur im Gespräch erfahrbar. Erliegen Sie darum nicht der Versuchung, aus den reinen Zahlen einen „Teamdurchschnitt" zu errechnen.

4. Über Ressourcen sprechen

Formulieren Sie Ihre Skalierungsfragen in dem Sinne, dass zunächst viele Informationen über vorhandene Stärken und (verborgene) Fähigkeiten entstehen. Erinnern Sie sich daran: Über Lösungen zu sprechen, schafft Lösungen, über Probleme und Defizite zu reden, vergrössert die Probleme. Fortschritte fallen leichter, wenn man herausfindet, worauf man bereits bauen kann und welche Kompetenzen einem zur Verfügung stehen.

5. Unterschiede nutzen

Die absolute Höhe der einzelnen Zahlenwerte ist weniger bedeutsam als die Unterschiede zwischen Zahlenwerten. Die Unterschiede zwischen dem, was Sie als Sternstunde bezeichnen, und der heutigen Situation, Unterschiede zwischen exzellenten Beispielen und weniger exzellenten Beispielen oder Unterschiede zwischen dem, was Sie jetzt noch nicht tun, aber bei weiteren Fortschritten tun werden, liefern relevante Informationen über Lösungsansätze.

Quelle: Peter Szabó, „About solutions-focused scaling: 10 minutes for performance and learning" in ORGANISATIONS AND PEOPLE, AMED Journal, November 2003

Hilfreiche Fragen

* Stellen Sie sich eine Skala von 1 bis 10 vor. Wo stehen Sie heute bezüglich des Themas X, wobei 10 den wirklichen Idealzustand (kühnste Erwartung) und 1 das genaue Gegenteil davon darstellt?
* Wie haben Sie es geschafft, bereits heute auf diesen Punkt zu kommen? Was macht also den Unterschied zwischen 1 und diesem Punkt aus?
* Wenn Sie an ihre beste Sternstunde aus Schritt 5 denken, wo lag sie auf derselben Skala? Was macht hier den Unterschied aus?
* Was haben Sie persönlich dazu beigetragen, dass Sie schon auf einer X stehen?
* Woran würden Sie merken, dass Sie auf dieser Skale nur einen einzigen kleinen Schritt weiter Richtung 10 gekommen sind?

Beispiel:

Ein Dreierteam, das gemeinsam eine kleine Treuhandfirma führt, lässt sich von einem externen Coach bei der Lösung ihrer Konflikte begleiten.

Coach: Auf einer Skala von 1 bis 10, wobei 10 heißt, dass sie wieder produktiv und erfolgreich zusammenarbeiten können, und 1, dass der Konflikt unerträglich geworden ist, wo stehen Sie zum jetzigen Zeitpunkt?

A: Ich stehe heute schon bei einer 6. Gestern war es viel tiefer, aber jetzt, ja, eine 6 ist gut.

Coach: O.k.! Was macht es aus, dass Sie schon so nahe bei der 10 stehen?

A: Das Gespräch heute hat mir gezeigt, dass wir in einigen grundlegenden Themen doch einer Meinung sind und eigentlich in die gleiche Richtung ziehen. Wir müssten uns nur mehr in Ruhe ohne Alltagsstress unterhalten können.

Coach: Und was noch?

A: (schmunzelt) Ich habe mich heute in einem Punkt, der mir wirklich wichtig war, ziemlich stur gezeigt. Manchmal finde ich es ja selbst nicht so toll, stur zu sein. Aber heute habe ich seit langem wieder einmal erfahren, dass meine Sturheit wenigstens ein Stück weit akzeptiert wurde. Ich glaube auch, dass die Dickköpfigkeit diesmal das Gespräch weitergebracht hat.

B: Hmm. Ich stehe immer noch bei einer 2.

Coach: Eine 2. Ich denke, für Sie muss noch viel passieren, bis Sie sich wieder richtig wohl fühlen hier im Team – und doch, Sie stehen nicht auf der 1. Was läuft denn schon gut?

B: Gut? Ich weiss es nicht genau. Die 2 ist eher Ausdruck dafür, dass ich Hoffnung habe, unseren Konflikt bereinigen zu können.

Coach: Und was gibt Ihnen diese Hoffnung?

B: Ich habe heute erst richtig verstanden, was meine Partner wirklich meinen. Wir hatten ein offenes Ohr füreinander.

Coach: Auf welchem Punkt, denken Sie, ist gutes Arbeiten für Sie wieder möglich?

B: Hmm. Ich glaube ab einer 4,5 wird's wieder produktiv.

Coach: O.k.! Können Sie sich schon vorstellen, was Sie unternehmen könnten, um nur einen ganz kleinen Schritt Richtung 4,5 zu machen?

B: Wir hatten früher, zu Beginn unserer gemeinsamen Zeit, wenn wir noch zusammen zu Kunden gereist sind, während der Reise Zeit füreinander: ohne Traktandenliste. Ich merke jetzt, wie mir diese Zeit des Austausches fehlt. Irgendeine Form dieser Art möchte ich gerne wieder regelmässig einführen.

C: Ja, das finde ich eine gute Idee – und es hebt meine Einschätzung ein klein wenig. Ich stehe auf einer 2,5.

7: Massnahmen

Ziel

In diesem Schritt werden konkrete Massnahmen formuliert,
die das Team in nächster Zukunft – am besten schon morgen – umsetzen kann.

Auf der Basis des vorangegangenen Schrittes lässt sich leicht zu den Massnahmen überleiten. Es gilt festzuhalten, was getan werden muss, um einen kleinen Schritt Richtung 10 zu vollführen.

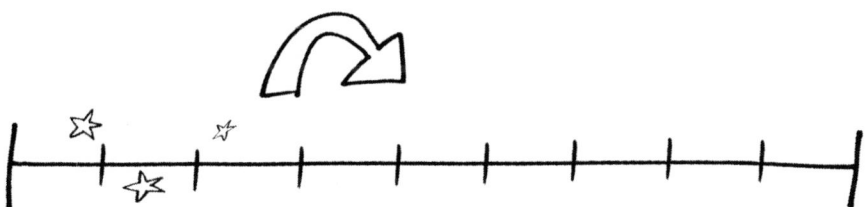

Einen kleinen Schritt vorwärts gehen.

Umsetzungsunterstützung

Als zusätzliche Hilfe bei der Umsetzung der Massnahmen wird in diesem Schritt auch festgehalten, bei wem sich das Team Unterstützung holen könnte. Beispielsweise können Personen ausserhalb des Teams herangezogen werden, wie Kollegen einer anderen Abteilung, Vorgesetzte oder gar Kunden. Supporter vermögen in verschiedener Beziehung, für die Umsetzung hilfreich zu sein. Manchmal nützt es schon, jemandem ausserhalb des Teams zu erzählen, welche Veränderungen geplant sind. So erreicht man mehr Verbindlichkeit und vielleicht auch neue Ideen.

Den Prozess in Gang halten

Wichtig erscheint, dass sich das Team darüber klar wird, wie der gestartete Prozess weiter in Gang gehalten werden kann. Welche Abmachungen treffen sie, um im Alltag an den besprochenen Lösungen zu arbeiten und Fortschritte in der Umsetzung zu besprechen? Falls sich Mitglieder des Teams selbst verändern wollen (und diese Freiwilligkeit ist zwingende Voraussetzung für den Erfolg), braucht es vor allem positive Verstärkung. Wenn erste Versuche, etwas anderes zu tun, unbemerkt bleiben, werden sie rasch wieder eingestellt. Den Prozess in Gang halten, heisst hier also, bald nachzufragen, was sich verbessert hat, und Beobachtungen auf nützliche Verhaltensweisen zu richten. Dies kann auf verschiedenste Arten passieren, und Teams haben dazu meistens eigene sehr gute Ideen.

Hilfreiche Fragen

- Was brauchen Sie, um einen Schritt Richtung 10 zu kommen?
- Was können Sie selbst dazu beitragen, dass es etwas vorwärts geht?
- Woran würden Sie merken, dass sich die Situation ein ganz klein wenig verbessert hat?
- Wenn diese Skala sprechen könnte, was würde sie Ihnen als nächsten Schritt empfehlen?
- Was würden Ihre Kunden sagen, wenn Sie diese Massnahme umsetzen würden? Woran würden die Kunden einen Unterschied feststellen?
- In welcher Art werden Sie die ersten kleinen Erfolge in der Umsetzung austauschen und festhalten?

Beispiel:

Die acht Stationsleiterinnen eines Kantonsspitals in der Deutschen Schweiz treffen sich alle zwei Wochen zu einer gemeinsamen Sitzung. Sie wollen die gemeinsame Sitzungskultur verbessern und dadurch effizienter werden. Einen Punkt weiter auf der Skala sind sie, wenn

- die Sitzung pünktlich beginnt;
- die Sitzung früher angesetzt wird;
- Standardgeschäfte von den beiden leitenden Stationsschwestern entschieden werden (Bürositzung einführen) und nicht während der Sitzung diskutiert werden (nur Info);

- festgelegt wird, wie lange an jedem Traktandum gearbeitet wird (flexibel handhabbar);
- auch abgestimmt wird und nicht endlose Diskussionen geführt werden.

Eine Stationsleiterin hält fest, woran sie merkt, dass sie in diesem Thema einen Punkt näher bei 10 sind. Wenn
- die Sitzung vor einundzwanzig Uhr dreissig aufhört;
- ich Lust habe, mit allen nach der Sitzung in die Kantine zu gehen;
- ich das Gefühl habe, die anderen interessieren sich auch für mein Ressort: Sie stellen Rückfragen und geben Hinweise;
- ich in Gedanken nicht abschweife, während die anderen diskutieren.

8: Persönlicher Auftrag

Ziel

Durch einen Beobachtungs- oder Handlungsauftrag, den der Coach weitergibt, soll die Aufmerksamkeit auf bestimmte Aspekte in der Umsetzung gerichtet und der Prozess im Alltag weiter unterstützt werden.

Der persönliche Auftrag stellt eine elegante Möglichkeit dar, den eingeleiteten Prozess im Alltag weiter zu unterstützen und den Fokus der Teilnehmer auf die Erfolge zu richten. Durch die gezielte Aufmerksamkeit auf kleinere und grössere Erfolgssituationen wird der Prozess konstruktiv beschleunigt.

Dieser achte Schritt kann einerseits als Beobachtungsaufgabe formuliert werden: Die Einzelnen achten explizit darauf, was sich in den nächsten Tagen in die gewünschte Richtung verändert, und halten das für sich fest. In einer Teamsitzung oder einem weiteren kleinen Workshop werden diese Beobachtungen ausgetauscht.

Der persönliche Auftrag kann andererseits ein Handlungsauftrag sein: Sämtliche Teammitglieder sollen eine konkrete Massnahme überlegen, die sie selbst für sich als passend beurteilt haben und die den Teamprozess konstruktiv unterstützen könnte. Diese persönliche Handlung soll irgendwann in nächster Zeit umgesetzt werden – ohne aber andere darüber zu informieren.

Der persönliche Auftrag bindet nochmals alle Teilnehmenden des Workshops in den Prozess der gemeinsamen Entwicklung ein – alle nach ihren persönlichen Möglichkeiten. Jeder kann genauso viel investieren, wie es für ihn sinnvoll erscheint – aber investieren müssen alle.

Beispiel:

Bei einem dreiköpfigen Führungsteam einer sozialen Einrichtung stand am Ende eines Workshops die zentrale Frage nach dem schonungsvolleren Umgang mit sich selbst. Sie investierten so viel Energie und Zeit in ihre Aufgaben, dass ihre Work-Life-Balance völlig aus den Fugen geraten war. Der interne Coach der Personalabteilung gab ihnen folgenden persönlichen Auftrag: „Verändern Sie im Moment nichts. Aber stellen Sie bei sich zu Hause eine Schale auf und daneben einen ganzen Sack voll mit Bonbons, die Sie gerne mögen. Jeden Abend, wenn Sie nach Hause kommen, überlegen Sie sich kurz, wie schonungsvoll Sie mit sich selbst umgegangen sind. Fühlen Sie sich ausgelaugt und unzufrieden – geben Sie ein Bonbon in die Schale. Sind Sie einigermassen zufrieden mit sich – zwei Bonbons. Denken Sie aber: „Ja, genauso müsste es in Zukunft auch sein", dann legen Sie drei Bonbons in die Schale. Nach einer Woche schauen Sie, was passiert ist."

Nach zwei Tagen schrieb eine Führungskraft dem Coach folgende Mail:

„… Einen Teller und eine Schale mit Bonbons habe ich bereitgestellt. Viel eindrucksvoller ist jedoch, dass das Bild des Bonbontellers und der Gedanke, dass es abends den kritischen Rückblick auf den Tagesablauf geben wird, mich während des ganzen Tages begleitet. Besonders, wenn es darum geht, zu entscheiden, was zu tun ist, ist das Bild präsent und erinnert mich sozusagen „on time" in den „kritischen Momenten" an das Wesentliche. So hat das Bild des Tellers bereits den Zweck der Übung erfüllt. Nochmals DANKE für diese Idee."

4. Hinweise zur Vorbereitung eines Workshops mit dem SolutionCircle

„Wer nicht alles im Griff hat,
hat dafür die Hände frei!"

Ein Team zu führen oder zu begleiten – speziell in Problem- und Krisensituationen – ist ein persönliches Abenteuer. Es braucht Mut, sich in Teamsituationen zu begeben, die einen nicht genau planbaren Verlauf zeigen. Ungewiss sind die sich möglicherweise ergebenden Teamdynamiken, spannend die persönlichen Lernprozesse, aufregend die Veränderungen, die im Team geschehen.

Vorbereitung und Planung beruhigen und geben Sicherheit

Wer sich schon einmal auf eine mehrtägige Bergwanderung begeben hat, weiss, wie wichtig Vorbereitung und Planung sind. Man muss sich Karten kaufen und Informationen über den Weg beschaffen. Vielleicht brauchen Sie neue Wanderschuhe. Der Rucksack will gut gepackt sein, sodass alles Nötige dabei ist, aber ja nicht zu viel, damit Sie ihn auch tragen können. Übernachtungsmöglichkeiten müssen organisiert werden. Vielleicht sollten Sie auch noch etwas an Ihrer Kondition arbeiten. Vorbereitung und Planung geben Sicherheit – sie garantieren aber nicht den Erfolg. Was, wenn das Wetter während der Wanderung plötzlich auf Sturm umschlägt? Wenn Sie sich auf dem Weg durch Unachtsamkeit eine Zerrung holen? Wenn der gut markierte Wanderweg durch ein Gewitter weggeschwemmt wurde oder der Hüttenwart zu wenig eingekauft hat und Sie und Ihre Mitwanderer kein Lunchpaket mehr für den zweiten Wandertag erhalten?
Die beste Planung und Vorbereitung hilft hier nichts – in solchen Situationen sind Sie persönlich gefragt. Sie müssen sich flexibel, neu und oft intuitiv auf die unvorhergesehene Situation einstellen.
In Organisationen hat die Planung einen sehr hohen Stellenwert. Wer plant, gilt als zukunftsorientiert, risikovermindernd und zielfokussiert. Allerdings können Planungen in komplexen Systemen weder die Zukunft voraussagen noch zwingend zum gewünschten Ergebnis führen. Schon eine Woche nach

der kriegerischen Invasion in den Irak, um ein Beispiel zu nennen, mussten die amerikanischen Generäle eingestehen: „Der Feind, gegen den wir kämpfen, ist ein anderer als der, gegen den wir den Krieg simuliert haben." Schon wenige Tage reichten und die Wirklichkeit hatte die Planung eingeholt.

Planung als Grundlage für den experimentellen Umgang mit der Unsicherheit

In Organisationen werden Vorhaben so sorgfältig und kompetent wie möglich durchdacht – und trotzdem treffen wir immer wieder auf Projekte, die ins Stocken geraten sind, weil man nicht mehr weiter weiss, unvorhergesehene Umstände eingetreten sind oder Beteiligte ganz anders als erwartet reagiert haben.

Ganz ähnlich ergeht es der hier beschriebenen Methode des SolutionCircles: Sorgfältig stelle ich mich in der Planungsphase geistig auf eine gewisse Wirklichkeit ein. Ich mache mir als Teamleiter, aufgrund der Informationen und basierend auf meinen Erfahrungen, ein Bild des Teams – und finde dann oft eine ganz andere Situation vor. Ich habe schon Teams erlebt, die veränderten schon während eines Workshops verschiedentlich ihre Ziele, stellten sie wieder in Frage und definierten sie neu. Oder Arbeitsgruppen, die im Vorfeld einhellig beteuerten, wie sehr sie eine Veränderung wünschten und sich während des Arbeitens konstant gegen jede noch so kleine Neuerung wehrten. Darüber hinaus habe ich Teammitglieder getroffen, die in den Workshops gänzlich anders reagierten, als ich es je erwartet hätte.

Planung birgt gewisse Risiken – mein Bild, das ich mir von der Welt mache, kann sich zum Brett vor meinem Kopf entwickeln. Es braucht viel Flexibilität, um sein Bild zu korrigieren, schnell umzustellen und situativ zu reagieren. Es braucht Gelassenheit, seine wohl durchdachte Planung loszulassen, und Mut, sich auf nicht erwartete Situationen einzulassen.

In diesem Buch finden Sie einige Werkzeuge, die Sie, bevor Sie zu Ihrem Abenteuer starten, in Ihren Rucksack packen können. Der SolutionCircle als Vorgehensweise bildet quasi die Landkarte, auf der ein Weg vorgezeichnet wird. Im Zentrum aber stehen Sie. Es ist also weniger das genaue Wissen um die

Werkzeuge oder das buchstabengetreue Anwenden der Vorgehensweise, das die erfolgreiche Anwendung ausmacht, als die Kreativität und Lust, die verschiedenen Werkzeuge flexibel in unterschiedlichen Situationen passgenau anzuwenden. Halten Sie also nicht stur an Ihrer Planung fest, sondern suchen Sie eine Art experimentellen Umgang mit der Unsicherheit. Manchmal gehen Sie dabei durchaus intuitiv vor. Hin und wieder sind Sie eine Art Forschungsbeauftragter, der experimentierend, beobachtend und verantwortungsvoll den nächsten Schritt einleitet. Finden Sie heraus, was funktioniert und was passt. Verlassen Sie sich dabei ruhig auch auf Ihre Intuition, denn um das Abenteuer Team erfolgreich zu meistern, sind Sie persönlich gefragt: Ihre Erfahrung, Ihre Flexibilität und Ihre wertschätzende Haltung sind entscheidende Erfolgsfaktoren.

Wertschätzung und Verantwortungsbewusstsein als Basis

Wenn in diesem Kontext vom experimentellen Umgang mit der Unsicherheit gesprochen wird, ist dieser immer gepaart mit Verantwortungsbewusstsein und Wertschätzung. Es geht darum, mit hoher Aufmerksamkeit zu beobachten und zuzuhören und aufgrund des Gehörten und Gesehenen die nächste Frage zu stellen oder den nächsten Schritt einzuleiten. Also kein mechanisches Abspulen von vorgedachten Schritten, sondern das Einsteigen auf einen Kreislauf: Beobachten Sie aufmerksam die Reaktionen auf Ihre Interventionen. Achten Sie darauf, was passiert, und entscheiden Sie sich dann für die nächste Intervention. Dieser Prozess ist ausschlaggebend, um zielgerichtet vorzugehen und eine massgeschneiderte Lösung zu erarbeiten.

Checkliste zur persönlichen Vorbereitung

Folgende Fragen helfen der Teamleiterin/dem Teamleiter, sich auf den Workshop vorzubereiten:

- Bin ich die geeignete Person, um den Workshop zu moderieren (persönliche Betroffenheit, Allparteilichkeit, Bereitschaft, meine Ideen und Vorstellungen zurückzunehmen und dem Team die Verantwortung für die Lösungsentwicklung zu lassen)?

Persönliche Zielsetzung

- Was möchte ich mit diesem Workshop erreichen?
- Was noch?
- Woran werde ich erkennen, dass der Workshop nützlich war?

Klärung des Workshopziels

- Was genau ist das Ziel des Workshops?
- Wenn wir unsere Themen erfolgreich bearbeiten, was wird dann nach dem Workshop anders sein? Was werden ich/meine Teammitglieder anders machen?
- Welchen Gewinn werde ich und das Team haben, wenn wir unsere Ziele erreichen?
- Wie könnte das Motto/der Titel dieses Workshops heissen?

Meine Aufgabe als Coach/Moderator

- Wenn ich als Coach/Moderator meine Aufgabe im Workshop wirklich gut meistern würde, was sagten dann die Teammitglieder?
- Woran würde ich es merken?
- Was könnte mir bei der Moderation des Workshops noch helfen?

Ressourcen des Teams erkennen

- Was haben wir als Team bis heute schon alles erfolgreich gemeistert (in den Bereichen Leistung, Freude und Lernen)?
- Welche zwei Ressourcen schätze ich an meinem Team besonders?
- Was würden andere (Kunden, andere Abteilungen, Vorgesetzte) als Stärken unseres Teams beurteilen?
- Was haben wir schon versucht, um zu einer Lösung zu kommen?

Rahmenbedingungen klären

- Welche Rahmenbedingungen gibt es, die nicht veränderbar sind:
  zum Beispiel vom Unternehmen, vom Markt oder von mir als Führungsperson her?

Kritische Erfolgsfaktoren

In der Arbeit mit dem SolutionCircle gibt es gewisse minimale Voraussetzungen, die vorhanden sein müssen, damit eine Intervention überhaupt greifen kann.

Erfolgsformel für Veränderungsprozesse

Wille eine Sache anzugehen

mal

Anziehungskraft der Zielvorstellung

mal

Zuversicht in die Machbarkeit

mal

Klarheit über konkrete nächste Schritte

muss grösser sein als

Aufwand für die Veränderung

Einflussbereich SolutionCircle

Minimaler Wille zur Veränderung

Im Team muss ein minimaler Konsens darüber bestehen, dass die Situation, wie sie zum gegenwärtigen Zeitpunkt von den verschiedenen Teammitgliedern wahrgenommen wird, veränderungsbedürftig ist. Wenn kein Problem vorhanden und niemand an der Weiterentwicklung der Teamarbeit interessiert ist, nutzt die beste Methode nichts. Der Wille, etwas zu verändern, kann von aussen kaum beeinflusst werden.

Die einfache Formel des chilenischen Coachs Julio Olalla zeigt auf, was notwendig ist, damit Veränderungen umgesetzt werden können.

93

Die hier beschriebenen vier Faktoren sind durch das mathematische Prinzip der Multiplikation verbunden und jeder einzelne beeinflusst den Umsetzungserfolg von Veränderungsprozessen zentral. Durch die Multiplikation wird deutlich, wie sie sich gegenseitig beeinflussen. Aber es wird auch deutlich, dass das Ergebnis 0 bleibt, so lange einer der Faktoren 0 ist: Wenn ich eine Sache nicht angehen will, wird auch nichts geschehen. Will ich die Sache zwar angehen, habe aber keine Ahnung, was für mich dabei herausspringt, werde ich mich kaum auf den Weg machen. Habe ich zwar den Willen und eine klare Zielvorstellung, glaube aber nicht an die Machbarkeit meines Unternehmens, wäre es gar dumm, damit anzufangen. Und wenn Wille, Zielvorstellung und Erfolgszuversicht vorhanden sind, ich aber nicht weiss, welches mein erster Schritt sein könnte, werde ich ihn auch nicht tun können.

Der SolutionCircle ermöglicht in einem gewissen Ausmass, die Faktoren Anziehungskraft der Zielvorstellung, Zuversicht in die Machbarkeit und Klarheit über die nächsten Schritte zu beeinflussen. Der Multiplikator „Wille" entzieht sich jedoch der äusseren Beeinflussung.

Klären der Verantwortung für die Veränderung

Bedeutsam ist zudem, dass von Anfang an klar ist, dass nicht der Coach die Verantwortung für ein erfolgreiches Resultat trägt, sondern die Beteiligten. Teams geben in schwierigen Situationen gerne ihre eigene Verantwortung ab – wenn Sie als Teamleiter diese Verantwortung aufnehmen, schaffen Sie einerseits eine grosse Abhängigkeit. Andererseits wird der Erfolg vielleicht vordergründig eintreten (Konflikt gelöst!), hintergründig und auf Dauer werden die Probleme jedoch weiter schwelen und die erstbesten Gelegenheiten nutzen, um wieder auszubrechen.

Mit dem SolutionCircle und den dazugehörigen Werkzeugen stellen Sie einen Rahmen zur Verfügung, in dem die Lösungserarbeitung möglich wird. Sie sind für den Prozess verantwortlich und unterstützen dadurch die Lösungsfindung des Teams.

Als Vorgesetzter Interessen vertreten

Nicht jedes Gespräch kann in der Form des SolutionCircles organisiert werden – manchmal haben Sie als Führungskraft klare Interessen, bestimmte

Sachverhalte mitzuteilen, Ziele zu setzen oder Reklamationen, die Sie in Ihrer Funktion erreicht haben, weiterzugeben. Hier würden Sie falsche Zurückhaltung üben, denn in diesen Situationen geht es darum, Führungsprinzipien zu klären oder Rahmenbedingungen zu verdeutlichen. In diesem Fall können Sie sich nicht in die Rolle des zurückhaltenden Wegbegleiters begeben, sondern sollten durchaus klar Stellung beziehen – was sich auch wertschätzend gestalten lässt.

5. Den Prozess in Gang halten

> *„Wo Aufmerksamkeit ist, da geschieht Lernen."*
> Tim Gallwey

Ob die Bearbeitung einer turbulenten Situation erfolgreich war, zeigt sich, wenn das Team den Sitzungsraum wieder verlassen hat und sich seinem Tagesgeschäft widmet. Um die grösstmögliche Nachhaltigkeit der geplanten Veränderung im Team zu erreichen, ist die Weiterarbeit an den Themen im Alltag unbedingt notwendig. Der gemeinsam gestartete Prozess soll im Alltag in Gang gehalten werden. Dazu gibt es verschiedene Möglichkeiten. Wichtig ist, dass die kleinen Veränderungen und Erfolge festgehalten und ausgetauscht werden. Dadurch werden Teammitglieder in neuen Verhaltensweisen bestärkt und Fortschritte sichtbar.

Es hat sich darum als äusserst hilfreich erwiesen, sich bereits früh darüber Gedanken zu machen, in welcher Form der gestartete Prozess im Teamalltag in Gang gehalten werden kann. Nachfolgend einige Beispiele, die verschiedene Teams und Abteilungen für sich herausgefunden haben:

1: Fortschritte im Alltag beleuchten

Fortschrittsplakat

Die Abteilung „Steuern" der Gemeindeverwaltung einer grösseren Stadt hatte mit „atmosphärischen Störungen" zwischen verschiedenen Mitarbeitenden zu kämpfen. Um den Prozess zu einer verbesserten Zusammenarbeit in Gang zu halten beschloss das Team, im Gang, der alle Büros der Teammitglieder verbindet, ein grosses Plakat aufzuhängen. Auf diesem Plakat, das den Titel „Fortschritte" trug, wurden von allen Teammitgliedern die Fortschritte und Erfolgserlebnisse der definierten Massnahmen notiert.

Nach zwei Wochen wurde dieses Plakat in der Abteilungssitzung besprochen und darauf aufbauend die weiteren Schritte geplant.

Mailumfrage

Die verschiedenen Kundenberater einer Versicherungsgesellschaft sind in verschiedenen Regionen stationiert. Um ihren Entwicklungsprozess in Gang zu halten beschlossen sie, jeden Donnerstag eine kleine Mailumfrage zu starten, die konkret drei Fragen formulierte:

„Konntest du bezüglich des Themas X eine Verbesserung in den letzten Tagen feststellen? Wenn ja, welche?"

„Welchen Beitrag hast du zur Verbesserung geleistet?"

„Was würdest du dir von anderen noch mehr wünschen?"

Supportergespräche

Das Kernteam eines Architekturbüros umfasst 9 Personen. Im SolutionCircle-Workshop entschlossen sie sich, dass sich jeder und jede einen externen Supporter für die Umsetzungsphase sucht. Dies konnte ein guter Kollege, ein externer Coach oder eine fachkundige Bekannte sein. Sie beschlossen, jeweils zwei Gespräche mit ihren Supporten zu führen, wobei das zweite Gespräch sich vor allem um konkrete Fortschritte drehen sollte.

Scaling Dance in der Abteilungssitzung

Das Geschäftsleitungsteam einer grossen Erwachsenenbildungsinstitution hat sich für seine Zusammenarbeit vier gemeinsame Grundsätze geschaffen. Dabei drehte sich viel um die gemeinsame Sitzungskultur, die bis anhin als wenig effektiv beurteilt wurde. Sie beschlossen, in ihren Geschäftsleitungssitzungen anhand von Skalen regelmässig zu prüfen, wie sich die Fortschritte in der Umsetzung zeigten.

„Wo stehen wir heute bezüglich der Umsetzung unserer Grundsätze?"

„Was macht die Veränderung aus?"

„Was bringt uns den nächsten kleinen Schritt weiter?"

Zeitfenster in der Abteilungssitzung

Ein Projektteam einer Bank legte fest, in den nächsten Projektsitzungen das Flipchart mit den geplanten Massnahmen aufzuhängen. Als festes Traktandum (nicht am Schluss!) werden die einzelnen Massnahmen durchgegangen und besprochen. Es wird diskutiert, was bereits realisiert wurde, Erfolgsgeschichten ausgetauscht und festgelegt, wo weiterer Handlungsbedarf besteht!

2: Das Forschungsinterview als zusätzlicher Verstärker

Gerade externe Coachs stehen manchmal vor der Frage, ob die von ihnen eingesetzten Werkzeuge eine echte Wirkung im Alltag der Teams zeigen. Als nützliches Werkzeug hat sich dazu das telefonische Forschungsinterview erwiesen: Einige Wochen nach dem ersten Workshop werden die Teammitglieder telefonisch über spürbare Veränderungen im Team, die sie auf die Arbeit mit dem SolutionCircle zurückführen, befragt. Es ist spannend zu erfahren, was nun im Alltag funktioniert. Dazu kann man mit aussen stehenden Fachpersonen zusammenarbeiten, die bereit sind, mit jedem Teammitglied ein zirka zwanzigminütiges Interview per Telefon zu führen. Erstaunlich ist, dass diese Interviews nicht nur für den externen Coach wichtige Informationen liefern, sondern auch für den Teamprozess eine konstruktive Wirkung zeigen. Die einzelnen Teammitglieder erhalten durch die gestellten Fragen am Telefon eine zusätzliche Gelegenheit, sich mit den konkreten Auswirkungen des Workshops auseinander zu setzen, Erfolge zu sehen, über Bisheriges zu reflektieren und daraus zu lernen, was nochmals die Verbindlichkeit verstärkte.

Dieser doppelte Nutzen der Telefoninterviews – einerseits lernen wir mehr über unsere Arbeit und was sich in der Workshopgestaltung als besonders hilfreich erwies und andererseits können wir den Veränderungsprozess im Team dadurch weiter vertiefen – kann mit wenig Zeitaufwand den ganzen Prozess kraftvoll in Gang halten.

Rahmen des Interviews

Das Interview wird in der Regel von einer unbeteiligten Fachperson durchgeführt, protokolliert und anonymisiert. Normalerweise ist dieses Protokoll nur für den externen Coach gedacht. Ein Interviewtermin wird im Vorfeld mit jedem Mitglied des Teams abgemacht, wobei jeder die Möglichkeit haben sollte, zwanzig Minuten ungestört am Telefon zu verbringen. Sinnvollerweise wird das Interview zirka zwei bis drei Wochen nach dem Workshop durchgeführt.

99

Erfolgsgeschichten

Wenn wir davon ausgehen, aus Erfolgen besser lernen zu können, richten wir in diesen Interviews auch den Blick auf das, was sich positiv verändert hat. Wir sind an kleinen und grossen Erfolgsgeschichten interessiert und daran, wie es gelang, dies zu bewerkstelligen. Gerade als externer Coach wird man manchmal mit dem Anliegen des Auftraggebers konfrontiert, am Schluss des Teamcoachings einen schriftlichen Bericht abzugeben. Die Interviews und die darin enthaltenen Erfolgsgeschichten bieten eine gute Grundlage für einen „Fortschrittsbericht" in der gewünschten Art.

Mögliche Interviewfragen

*   Welche positiven Veränderungen stellen Sie seit dem letzten Workshop im Team (bezüglich des Themas X) fest?
*   Was würden andere Teammitglieder sagen, was Sie dazu beigetragen haben?
*   Ganz allgemein, wie nützlich schätzen Sie den Teamworkshop auf dem Weg zu einer konstruktiven Zusammenarbeit ein? (Skala von 1 bis 10; 10 = nützlicher als überhaupt nur denkbar, 1 = Es hat überhaupt nichts gebracht!)
*   Welche Elemente des Workshops mit dem SolutionCircle haben sich in der Praxis als besonders hilfreich erwiesen?
*   Was wünschen Sie sich für die folgende Veranstaltung besonders? (falls eine Folgeveranstaltung geplant ist)

Beispiel:
Interviewauszug:

Drei Wochen nach einem eintägigen Workshop mit einem fünfzehnköpfigen Team wurden alle Teammitglieder per Telefon über die Auswirkungen des Workshops befragt. Nachfolgend ein Auszug des Gesprächsprotokolls:

„Stellen Sie positive Veränderungen seit dem letzten Teamworkshop fest?"
Teamleiter (TL): „Auf jeden Fall, man gibt sich gegenseitig merklich mehr Mühe, und man stellt fest, dass dies auch wirklich echt ist.

Ich selbst halte mich an die gemachten Vereinbarungen, überdenke Situationen neu, die ich früher reflexartig auf irgendeine Art und Weise erledigt habe. Durch meine Führungsposition habe ich halt auch Vorbildfunktion, da mir das bewusst ist, verhalte ich mich auch dementsprechend."

Teammitglied A (TA): „Vor jeder Sitzung der einzelnen Abteilungen wird nun gemeinsam Znüni gegessen, Mails kursieren, heute nehme ich die Gipfeli mit usw. – und dies alle vierzehn Tage. Dieses gemeinsame Beisammensitzen ist ein guter Nährboden für eine Entwicklung Richtung Ziel. So findet auch einmal ein Treffen statt, abseits der normalen Problemumgebung, früher traf man sich ausschliesslich bei Problemen. Es wird überhaupt erst jetzt miteinander umgegangen!"

Teammitglied B (TB): „Der allgemeine Umgang miteinander, das merkt man am Klang der Stimme und am Tonfall, eigentlich ist der Umgang schon fast normal. Probleme haben sowieso nur Einzelne miteinander."

Was würden andere Teammitglieder sagen, was Sie dazu beigetragen haben?

TL: „Ich denke schon, dass andere MA diese Veränderung bemerken. Insbesondere schaue ich darauf, dass meine neuartigen Handlungen bemerkt werden, sie sagen wohl, dass ich offener bin.
Auch bei neuen Aufträgen nehme ich mir zuerst Zeit, die Gedanken zu ordnen. Sie werden sagen, dass ich direkter auf sie zugehe und mich weniger im Büro verschanze."

TA: „Den Optimismus sieht man mir an, mein Glas ist halb voll. Trotz des drohenden Damoklesschwerts (Umstrukturierung) wirke ich, auch nach aussen, motiviert. Ich lache und mache schon mal einen Witz – das habe ich mich früher kaum getraut."

TB: „Ich gebe mir selber mehr Mühe, dass es besser läuft. Wie abgemacht führe ich vor allem das Pendenzentool sehr pflichtbewusst und genau."

Ganz allgemein, wie nützlich schätzen Sie das bisherige Teamcoaching auf dem Weg zu einer konstruktiven Zusammenarbeit ein? (Skala von 1 bis 10; 10 = nützlicher als überhaupt nur denkbar, 1 = es hat überhaupt nichts gebracht!)

TL: „5; es hat eine lange Anlaufzeit gebraucht, doch nun entwickelt sich was. Ja, die Stimmung ist einfach viel entspannter, da viele Konflikte ausgeräumt werden konnten und man in der Abteilung ein gemeinsames Ziel sieht. Eigentlich müsste ich fast eine 7 setzen.

Ein grosser Teil der Schwierigkeiten kann aber nicht durch ein solches Coaching gelöst werden, denn viele strategische Dinge, die auf der oberen Führungsebene ablaufen, müssen auch verändert werden."

TA: „8-9; endlich gibt es ein Forum, das man benutzen kann, um zusammen zu sein, zu diskutieren, weg von den einzelnen Sorgen und Problemen und hin zur Gesamtsicht, es wird nun quasi die Metaebene gesehen. Zudem erkennt man jetzt besser die Rolle, die man im Ganzen spielt; dies motiviert und lässt Probleme relativieren. Spannend für mich war, wie leicht sich viele Dinge wirklich in den Alltag umsetzen lassen – gleich sofort."

TB: „8, eigentlich würde ich gerne 10 sagen. Zwischenmenschlich ein enormer Nutzen, auch wenn fachlich die Dinge noch nicht alle so laufen, wie sie müssten. Die menschliche Art dahinter ist wichtiger, und da hat das Coaching viel gebracht."

Welche Elemente des bisherigen Teamcoachings waren in Ihren Augen besonders hilfreich?

TL: „Klar das Futur Perfekt, dieser Ansatz der Idealvorstellung, plötzlich werden Ideale greifbarer, und man erkennt die Schritte, die noch bis zum Ziel fehlen, he, ist ja machbar!!!"

TA: „Zukunftsschau: heute in fünf Jahren. Dies war für mich ein völlig neuer Ansatz, zudem habe ich gemerkt, dass dies für praktisch alle ein sehr schwieriger Schritt war, sich einfach mal von heute lösen zu können, Probleme liegen zu lassen und positiv in die Zukunft schauen zu können. Für mich bedeutete dies einen notwendigen Schritt aus dem System."

TB: „Der Wechsel auf die Lösungsebene hat Lockerheit verschafft und die Perspektive auf Mögliches gerichtet. Dies führte zu einer Entspannung. (Am Schluss meinte er, wow, wir haben ja so viel Potenzial zur Verbesserung!)"

Wird in Ihrem Team nun auf eine andere Art und Weise diskutiert? (Wie äussert sich dieser Unterschied?)

TL: „Die Leute sind bereit, etwas beiseite zu lassen. Auch wenn noch nicht alles im Reinen ist, können sie miteinander normal kommunizieren und arbeiten – es ist einfach entspannter."

TA: „In der Sitzung heute Morgen ging es anständig zu, aber trotzdem hoch her, man lässt die Leute viel eher aussprechen als früher."

TB: „Tja, die Stimmung ist einfach anders. Die Montagssitzung war mit früher nicht zu vergleichen, die Diskussion lag auf einem höheren Niveau, aber man hat auch gemerkt, dass die Gefahr besteht, wieder in den alten Trott zu fallen. Ich denke, dass sich der alte Ort, das alte Sitzungszimmer, vielleicht nicht mehr dazu eignet, einen neuen Anfangsversuch zu starten. Den Leuten fällt es viel einfacher, eine andere Rolle einzunehmen, wenn sich die äusseren Umstände auch ändern."

Welche Eigenschaften des externen Coachs fanden Sie während des ganzen Prozesses besonders hilfreich?

TL: „Er hat sehr gut zugehört. Er überstülpte uns nicht einfach mit einer Lösung, seine Gedanken und Ideen waren sehr angepasst und durchdacht.
Fähigkeit, Wichtiges von Unwichtigem zu trennen."

TA: „Den Ansatz mit der Frage: „Was ist ihr Beitrag?" Und vor allem, dass er hier nicht locker liess. Er war hartnäckig und doch blieb er sanft auf der Zielebene, er liess sich nicht davon abbringen oder ablenken."

TB: „Er war sehr neutral (Abmachung fand er gut, falls Neutralität infrage gestellt wird, Meldung, doch die war nie nötig.), nicht verurteilend, hörte zu, ruhig, ging auf Leute ein.
Er hatte ein klares Konzept, wie es funktionieren soll."

3: Der Folgeworkshop

Ein verbreitetes Mittel, den Teamprozess in Gang zu halten und weiterzubringen, sind kürzere Folgeworkshops. Im Rahmen von zwei bis drei Stunden
werden gemeinsam Fortschritte ausgetauscht, nötige Klärungen herbeige-
führt und die weiteren Schritte bestimmt.

In der Folgesitzung kommt man meist mit nachstehenden Elementen des
SolutionCircles aus:

Sternstunden seit dem letzten Workshop: Was hat sich verbessert?

Scaling Dance: Wo steht das Team heute? Wie hat es das Team geschafft,
bereits auf diesen Punkt zu kommen?

Massnahmen: Was sind die nächsten Schritte? Wie halten wir den Prozess
in Gang?

Persönlicher Auftrag: Worauf soll jedes Teammitglied seine Aufmerksamkeit
richten?

Möglicher Verlauf der Folgesitzung

Ziele:
– Wir wollen herausfinden, was sich seit dem letzten Workshop verbessert hat.
– Wir wollen Klarheit darüber, mit welchen Fähigkeiten und Talenten wir
  diese Veränderungen herbeiführen konnten.

Standortbestimmung:
Unser Team weiss nach dem Workshop, wo wir in den einzelnen Massnahmen stehen und in welchen Bereichen es allenfalls Korrekturen und Anpas-
sungen braucht.

1: Einstieg

Klärung der Ziele dieses Workshops.

Erinnerung an unsere Abmachungen (Rahmen klären – Spielregeln der Zusammenarbeit).

Mögliche weitere nötige Vorbemerkungen.

2: Sternstunden

Was ist seit dem letzten Workshop besser geworden (einzeln oder in Gruppen sammeln)?

Ressourcen beleuchten: Wie haben wir das geschafft? Was und wer hat uns dabei geholfen?

Was hat also funktioniert?

Was ist noch besser geworden?

Und was noch?

3: Scaling Dance

3a)   Fortschritt beleuchten

Wenn wir die uns bekannte Skala nehmen (10 entspricht dem Futur Perfekt und 1 dem Gegenteil) – wo steht jeder Einzelne in diesem Moment?

Die Teilnehmer schätzen die Situation auf der Skala ein, wobei die Beurteilungen zur besseren Verständlichkeit durch Fragen verifiziert werden können:

–   Was waren für dich die wichtigsten Meilensteine auf dem Weg zu X?

–   Was genau machst du jetzt besser?

–   Was möchtest du auch in Zukunft beibehalten, und möchtest du so weitermachen wie bisher?

–   Was könnten wir für die Zukunft aus den Unterschieden lernen?

3b)   Zuversicht skalieren

Wie hoch ist die Zuversicht der Einzelnen, dass das Team diesen Prozess erfolgreich weiter vorantreiben kann? Diese Frage hat sich an dieser Stelle meist als sehr hilfreich erwiesen.

Auf welchem Punkt der Skala bist du zufrieden mit dem Fortschritt des Teams bezüglich Thema X?

Wie zuversichtlich sind wir, an diesen Punkt zu gelangen?

Wo kommt diese Zuversicht her? Was sagt uns, dass wir diesbezüglich überhaupt so sicher sein können?

Was braucht es, damit die Zuversicht etwas grösser wird?

4: Massnahmen formulieren

An diesem Punkt geht es darum, gemeinsam zu fixieren, welche Schritte nun als Nächstes weiterverfolgt bzw. neu eingeleitet werden sollen und wie genau das zu bewerkstelligen ist. Hilfreich ist es, bei jeder Massnahme auszuloten, um jeweils welchen genauen Nutzen der Massnahme es sich handelt. Was soll sie also genau bringen? Und wie erkenne ich, das Team oder Menschen ausserhalb des Teams, dass diese Massnahme etwas gebracht hat?

5: Abschluss

Zum Abschluss gilt es herauszufinden, was die Einzelnen noch benötigen, um den Prozess weiter konstruktiv zu gestalten und die vorbesprochenen Massnahmen umzusetzen.

Manchmal braucht es nichts mehr – in anderen Fällen entwickeln die Teams noch spezifische Vorschläge, was ihnen darüber hinaus hilfreich sein könnte.

6. Umgang mit ausgeprägten Persönlichkeiten

„Wir haben alle eine Welt in uns, jeder seine eigene.
Aber wie sollen wir uns verstehen …
wenn ich in meine Worte den Sinn
und die Bedeutung der Dinge lege,
so wie ich sie empfinde,
während derjenige, der sie hört,
sie unvermeidlich mit dem Sinn
und der Bedeutung der Dinge füllt,
die zu seiner Welt gehören."
Luigi Pirandello

Die Welt entsteht im Kopf

Im Team werden Meinungen ausgetauscht und Auseinandersetzungen geführt. Mitarbeiter werden andere Ansichten vertreten als Sie – Ihrer Meinung nach eine unpassende, falsche oder störende Ansicht. Aber, sind Sie sicher, dass Sie Recht haben?
Unterschiedliche Auffassungen haben oft mit der Wahrnehmung der Wirklichkeit zu tun – die sehr subjektiv geprägt ist. Drei Menschen etwa, die auf der Strasse einen Unfall beobachten, werden ganz unterschiedlich darüber berichten. Eine Aussage des Abteilungsleiters kann bei einem Teammitglied Fragen oder gar eine Kränkung hervorrufen, während ein anderes Mitglied des Teams keinen weiteren Gedanken darüber verliert. Auf der Basis unserer Meinungen, unserer Erfahrungen und Überzeugungen schaffen wir uns unser Bild von der Welt selbst. Paul Watzlawick, Kommunikationsforscher und Konstruktivist, hat in seinem Buch „Anleitung zum Unglücklichsein" (Serie Pieper, 1983) eine wunderschöne Geschichte dazu geschrieben:

„Ein Mann will ein Bild aufhängen. Den Nagel hat er, nicht aber den Hammer. Der Nachbar hat einen. Also beschliesst unser Mann hinüberzugehen und ihn auszuborgen. Doch da kommt ihm ein Zweifel: was, wenn der Nachbar mir den Hammer nicht leihen will? Gestern schon grüsste er mich nur so flüchtig. Vielleicht war er in Eile. Aber vielleicht war die Eile nur vorgeschützt, und er hat etwas gegen mich. Und was? Ich habe ihm nichts angetan; der bildet sich da etwas ein. Wenn jemand von mir ein Werkzeug borgen wollte, ich gäbe es ihm sofort. Und warum er nicht? Wie kann man einem Mitmenschen einen so einfachen Gefallen abschlagen? Leute wie dieser Kerl vergiften einem das Leben. Und dann bildet er sich noch ein, ich sei auf ihn angewiesen. Bloss, weil er einen Hammer hat. Jetzt reicht es mir wirklich.

Und so stürmt er hinüber und läutet. Der Nachbar öffnet, doch bevor er ‚Guten Tag‘ sagen kann, schreit ihn unser Mann an: ‚Behalten Sie Ihren Hammer, Sie Rüpel!‘"

Auch wenn die Geschichte hoffnungslos überzeichnet scheint – entspricht sie ziemlich genau unserem Verhalten in der Welt. Dieser Mann hat Erstaunliches geleistet: Innerhalb kurzer Zeit hat er sich davon überzeugt, dass der Nachbar ein ganz unfreundlicher und unangenehmer Zeitgenosse ist und man ihm wirklich nicht trauen kann. Ob dem jetzt so ist oder nicht – unser Mann ist überzeugt davon. Für ihn stellt es die Wahrheit dar!

Die Welt da draussen gibt es nicht – die Welt entsteht in meinem, Ihrem, seinem Kopf!

Für die Bewältigung von Problemen heisst diese Erkenntnis, dass ein Problem für den einen nicht zwangsläufig auch eines für den anderen bedeuten muss. Jeder Mensch empfindet gewisse Situationen als problematisch, fühlt sich nicht akzeptiert, deutet bestimmte Aussagen in einer bestimmten Form, stellt Hypothesen darüber an, was der andere wohl wie gemeint haben könnte. Probleme entstehen in der individuellen Wahrnehmung des Einzelnen und verkörpern Konstrukte, die zeit- und situationsunabhängig nur von den betroffenen Personen in ihrer Wirklichkeit wahrgenommen werden. Auf dieser Grundlage wird die Wertung in „richtig" und „falsch", die im Alltag nur allzu schnell angestellt wird, aufgehoben. Gefragt ist, was passt. Aufgrund der persönlichen Erfahrungen, des eigenen Wissens und der charakterlichen Struktur interpretiere ich wahrgenommene Aussagen oder Begebenheiten. Niemand nimmt vorsätzlich „falsch" wahr – aber vielleicht stimmt seine Wahrnehmung/Interpretation nicht mit dem überein, was der Gesprächspartner sagen wollte.

Zumeist erzeugen diese persönlichen Auslegungen ein Gefühl in der Person, das wiederum eine Handlung zur Folge hat. Dieser Prozess ist absolut individuell und letztendlich dafür verantwortlich, dass Kommunikation zwischen Menschen faszinierend, spannend und auch so unglaublich störungsanfällig ist. Wenn wir die oben genannten Kommunikations- und Wahrnehmungsmuster betrachten, handelt es sich im Grunde genommen um einen äusserst glücklichen Umstand, wenn sich zwei Menschen überhaupt verstehen.

Jürgen Hargens beschreibt in seinem Buch „Erfolgreich führen und leiten" das Beispiel der durchlässigen Wand. Stellen Sie sich vor, Sie finden, dass eine Wand weich und durchlässig ist. Daher konstruieren Sie diese Wand in Ihren Gedanken exakt so. Doch bei der Beweisführung werden Sie sich bestenfalls eine dicke Beule holen.

Aber was wissen Sie nun genau? Sie wissen ziemlich sicher, dass Ihre Konstruktion nicht passt. Die Wand, gegen die Sie beim Test gerannt sind, ob sie wirklich durchlässig ist, zeigte sich hart und fest – wie die Wirklichkeit tatsächlich beschaffen ist, wissen Sie allerdings immer noch nicht. Aus diesem Grunde werden Sie sich eine neue Konstruktion schaffen, von der Sie hoffen, dass sie besser passt.

Es könnte jedoch auch sein, dass Sie Ihre Hypothese „eine Wand ist durchlässig" in Japan überprüfen. Da dort einige Wände – sie sind aus Papier – tatsächlich durchlässig sind, würde Ihre Konstruktion plötzlich passen.

Im Team werden Sie immer auf Mitglieder treffen, die anderer Meinung sind als Sie; Mitglieder, die die Wand als durchlässig, halb durchlässig oder als gar nicht vorhanden bezeichnen. Mitglieder, die für sich eine andere Konstruktion der Welt haben. Im SolutionCircle geht es in diesen Fällen nicht darum zu bestimmen, wer nun die „richtige" oder eben „falsche" Ansicht hat, sondern herauszufinden, inwieweit die verschiedenen Meinungen für die gemeinsame Zielerreichung nützlich sind. Zentrales Anliegen ist, mit anderen, die eine gegensätzliche Meinung vertreten, zu reden. Vor allem darüber, was an dieser anderen Meinung zieldienlich und sinnvoll sein könnte.

Zieldienlich heisst in diesem Kontext: inwieweit andere Meinungen dazu beitragen können, das gemeinsame Ziel weiter zu konkretisieren und zu diversifizieren, sowie Hilfen aufzuzeigen, damit konkrete Schritte in die gemeinsame Richtung eingeleitet werden können. Die Arbeit im SolutionCircle ist immer am Ziel ausgerichtet, das sehr unterschiedlich benannt werden kann: Profit, Umsatz, Arbeitszufriedenheit, Leistung, Vollbeschäftigung, Lernen etc. Ohne gemeinsame Definition dieser Begriffe fällt es schwer, in Richtung des Zieles Fortschritte festzustellen. Wenn es um Unternehmen geht, sind Teile des Zieles immer unverhandelbar festgeschrieben – jedes Unternehmen will im Markt überleben. Wenn dies nicht auch das Ziel des Teams oder einzelner Teammitglieder ist, sind sie einfach am falschen Ort.

Gegenteiligen Ansichten soll darum mit Wertschätzung begegnet werden, denn die Ideen und Vorstellungen anderer können helfen, Ziele differenzierter und vielfältiger zu erkennen und gemeinsame Wege massgeschneidert zu bestimmen.

Toleranz praktizieren

Die grösste Herausforderung in der Arbeit mit dem SolutionCircle besteht darin, mit jenen, die eine andere Meinung haben, konstruktiv im Gespräch zu bleiben! Es geht darum, sich ein Stück Toleranz gegenüber anderen Meinungen und Wirklichkeitsauffassungen zu bewahren – Toleranz praktizieren. Somit können die Unterschiede dahingehend besprochen werden, inwieweit sie dazu beitragen, die Ziele zu erreichen.

Oft steckt harte Arbeit dahinter, andere Meinungen nicht vorschnell als falsch abzutun, sondern über deren Sinn, Nutzen und Chancen im Gespräch zu bleiben. Es hilft aber, dass sich Ihr Gesprächspartner ernst genommen fühlt – einfach, weil Sie an seinen Ideen interessiert sind. Die Auseinandersetzung mit anderen Standpunkten ermöglicht es, für sich selbst zu lernen und neue Erkenntnisse zu gewinnen.

Mit ausgeprägten Persönlichkeiten im Gespräch bleiben

Menschen, die eine andere Meinung vertreten, zeichnen sich oft durch ihre Persönlichkeit aus, und da hilft es, beharrlich im Team das Gespräch zu suchen. Hin und wieder handelt es sich um Menschen, die wortgewaltig und unerschütterlich ihren Standpunkt verteidigen. Manchmal zeichnen sie sich durch Sturheit aus oder dadurch, dass sie gar keine Veränderung möchten – und dies äusserst hartnäckig. In diesen Fällen können sie sich im Teamprozess als sehr dominante Personen zeigen. Es sind also Menschen, die

- Ausdauer haben,
- bereit sind, Positionen in Frage zu stellen,
- ihre Standpunkte kennen und nicht je nach Windrichtung ändern
- und bereit sind, Risiken einzugehen.

Obwohl wir mit Teams arbeiten, darf nicht vergessen werden, dass sie aus einzelnen Persönlichkeiten bestehen. Um das Team als Ganzes weiterzubringen, ist es in vielen Situationen hilfreich, sich den Einzelnen zuzuwenden und lösungsentwickelnde Fragen direkt an sie zu richten. Stellen Sie direkte Fragen an sie, führen Sie kurze Gespräche unmittelbar vor allen anderen – bleiben Sie so mit den betreffenden Personen im Gespräch. Haben Sie keine Angst, dass dies für die anderen langweilig werden könnte oder uninteressant. Normalerweise ist das Gegenteil der Fall.

Vorschläge für Standardsituationen

Wenn Sie mit dem SolutionCircle zu arbeiten beginnen, werden Sie schnell entdecken, dass bestimmte Situationen in ähnlicher Form immer wieder auftreten. Sie werden neben Teammitgliedern, die eine gänzlich andere Meinung vertreten, auch auf solche treffen, die gar keine eigene Meinung haben. Einige dieser Ausgangspunkte zu kennen, ist hilfreich, um Ihren Umgang damit zu professionalisieren.

Ausgeprägte Persönlichkeiten „auf Besuch"

Oft treffen Sie im Team auf Menschen, die eigentlich gar nicht wissen, warum sie da sind – denn eigentlich bräuchten sich nur alle anderen zu verändern: sei es der Chef, die Personalentwicklerin oder die ganze Geschäftsleitung. Persönlichkeiten vom Typ „die anderen sollen", zeichnen sich dadurch aus, dass die Lösung der anstehenden Probleme nicht in ihrer Hand liegt.

Verhält sich im Team jemand genau nach dieser Art, braucht man oft viel Geduld. In der Regel ist es für diese Personen auch nicht möglich, sich hinter ein Ziel zu stellen, geschweige denn, eines selbst zu formulieren.

Es gibt für solche Besucher nichts, woran es sich im Moment zu arbeiten lohnt.

In diesem Zusammenhang haben sich im Umgang mit „Besuchern und Besucherinnen" drei Wege als hilfreich erwiesen:

a) Geduld zeigen und darauf vertrauen, dass sich diese Person von der Team-dynamik anstecken lässt bzw. einen eigenen Zugang zur Lösung findet.

b) ein Kompliment aussprechen, das ihr Verständnis für die Situation der Person ausdrückt, wie beispielsweise:

„Max, ich bin sehr beeindruckt, dass du heute auch hier bist, obwohl du eigentlich den Sinn dieses Workshops nicht siehst. Du hättest mit Sicherheit die Möglichkeit gehabt, den einfachen Weg zu gehen und nicht zu kommen … ich denke, es ist nicht leicht für dich, hier zu sein, wertvolle Zeit zu opfern und über Dinge zu reden, über die du eigentlich nicht reden willst.

Mir ist auch klar geworden, dass du eine eigene Meinung hast. Ich hoffe, diese Stärke kannst du weiterhin ins Team eingeben. Vielleicht wäre dies auch ein wichtiger Beitrag für das gesamte Team."

c) Wir können andere Menschen nicht per Knopfdruck verändern. Oft helfen Fragen, die die Wechselwirkungen der einzelnen Verhaltensweisen thematisieren:

„Wenn sich nun die Geschäftsleitung in dieser Art verhalten würde, welche Auswirkung hätte es konkret auf dich? Was würdest du dann anders machen?"

„Gäbe es eine Möglichkeit, wie du der Geschäftsleitung helfen könntest, dass sie sich in dieser Art verhält?"

„Nehmen wir an, die Geschäftsleitung wird sich auch in Zukunft nicht anders verhalten. Wäre es spannend für dich, wenn wir hier gemeinsam herausfinden würden, wie du es schaffen könntest, mit den anderen besser umzugehen, damit du wieder effektiver arbeiten kannst?"

Aussergewöhnliche Persönlichkeiten als Klagende

Menschen sind es gewohnt, ausgiebig über ihre Sorgen zu sprechen. Gerade wenn ein Teamworkshop zur Bearbeitung von Konflikten ansteht, hoffen sie beinahe, dass ihnen jemand die Problemlösung in den Schoss legt – oder dass sie sich ausgiebig beklagen können. Wenn dann versucht wird, das Gespräch aktiv Richtung Lösung zu bringen, taucht oft ein neues Problem auf: Man taucht wieder ab in den Keller des Jammerns und Leidens.

Klagende sind Menschen, die scheinbar nicht wirklich eine Problemlösung erreichen wollen. Häufig fühlen sie sich machtlos dem Problem gegenüber und sehen kaum Chancen, selbst etwas zu verändern. Oft haben sie kaum eine Ahnung, was sie genau ändern wollen, nach dem Motto: „Es hat ja doch keinen Sinn!"

In der Arbeit mit dem SolutionCircle können Sie in diesem Zusammenhang kaum etwas anderes tun, als regelmässig zu versuchen, diese Menschen durch lösungsentwickelnde Fragen auf die Lösungsebene zu führen. Also – hinuntersteigen in den Keller und ihnen eine Treppe zur Verfügung stellen, die wieder auf die Lösungsebene führt.

Wenn Sie ein ganzes Team vor sich haben, in dem diese „Klagekultur" vorliegt, hilft oft der Hinweis auf die Zeit, die effektiv genutzt werden soll: „Ich sehe, dass einige von euch wirklich eine schwierige Zeit durchgemacht haben. Und mich beeindruckt, dass trotzdem so viel qualitativ gute Arbeit geleistet wurde. Nun sind wir aber zusammengekommen, um über Lösungen zu sprechen. Was meint ihr, wollen wir den Sprung wagen und ganz konkret damit beginnen, Ziele zu definieren und Lösungen zu entwickeln – und die verbleibende Zeit konsequent dafür nutzen?"

Ausgeprägte Persönlichkeiten, die Widerstand leisten

Ab und zu trifft man auf Teammitglieder, die in den Augen des Coachs „auf Widerstand machen": Sie stellen sich gegen Veränderungen, möchten ein anderes Vorgehen, lehnen die Vorschläge anderer ab oder üben sich in kopfschüttelndem Schweigen.

Wie in den oben genannten Fällen hilft das direkte Ansprechen der Person, um herauszufinden, worin die Gründe liegen, weshalb sie in ihrer Art mitarbeitet:

„Sind wir noch auf dem richtigen Weg zum Ziel? Was könnten wir deiner Meinung nach tun, um dem Ziel näher zu kommen?"

„Was benötigst du genau? – Wie müsste die Lösung für dich aussehen? – Welche Elemente sind dir noch wichtig?"

Ausgeprägte Persönlichkeiten als „Besserwisser"

Ihr Verhalten zeichnet sich dadurch aus, dass sie sowohl Ziel als auch Lösung eigentlich schon bereithalten und vom Workshop nur noch erwarten, dass alle ihre Lösung akzeptieren. Sie wissen – oft aufgrund ihrer langjährigen Erfahrung im Betrieb –, wie der Hase läuft. Sie wissen, wie es eigentlich sein müsste und verpassen keine Gelegenheit, dies auch zu betonen.

Ihre Vorschläge können Sie als Coach aufnehmen und wertschätzen, da die grosse Erfahrung für den Prozess des Teams wichtig ist. Doch mit einem Hinweis auf Wahlmöglichkeiten und die gemeinsame Suche nach der massgeschneiderten Lösung sollen die Vorschläge des „Besserwissers" neben allen anderen Vorschlägen geprüft werden. Versuchen Sie in diesem Fall, mit dieser Person im Gespräch zu bleiben, ihr Anliegen zu prüfen, aber doch für alle anderen genügend Raum zu schaffen, damit auch weitere Ideen und Lösungsvorschläge entstehen können.

Zwei Workshopszenen

Zwei Szenen aus einem Workshop, der vom Abteilungsleiter geführt wurde, sollen als Beispiele dienen. Vor gut zwei Monaten waren zwei neue Mitarbeiterinnen in die Abteilung gekommen. Seither hat sich die Stimmung nach dem Eindruck der Mitarbeiter merklich verschlechtert. Abläufe funktionieren nicht mehr so reibungslos wie zuvor. In einer Abteilungssitzung entstand der Wunsch, diese Probleme gemeinsam anzugehen.

Szene 1: Erwartungen an den Workshop
„Margrit, was soll nach unserem Meeting deiner Meinung nach anders sein?"
Margrit: „Ich weiss es nicht. Alle fanden, wir sollten mal zusammensitzen, um wieder besser zusammenarbeiten zu können. So bin ich nun auch dabei. Was die andern gesagt haben, finde ich auch gut."
„O.K.! Was muss denn die nächsten zwei Stunden passieren, damit auch du zufrieden bist und nicht das Gefühl hast, du hättest deine Zeit verschwendet?"
„… Ja eben, ich bin jetzt einfach dabei, weil alle fanden, wir sollten mal zusammensitzen. Ich bin ja neu hier und weiss gar nicht, wie es früher war. Ich hoffe nur, wir brauchen nicht zwei Stunden, ich habe nämlich noch einiges zu tun. Also ich weiss wirklich nicht, was hier passieren soll."
„Ich freu mich über deine Offenheit. Ich höre, dass du bereit bist, mitzumachen, obwohl dir der Sinn des Ganzen nicht so klar ist und du nicht so genau weisst, wohin unser Boot steuert. Ich spüre darin auch eine gute Loyalität gegenüber dem ganzen Team. Danke. Ich denke, dass es gar nicht so einfach für dich ist.

Sollte dir irgendwann im Verlauf des Workshops noch eine Idee kommen, was dir wichtig erscheint, hast du jederzeit Gelegenheit, dies zu sagen."

Szene 2: Irgendwann nach gut einer Stunde

Felix: „Also ich finde diese Diskussion sehr mühsam. Wir kommen nicht vom Fleck, es passiert einfach nichts. So wird das Ganze ewig dauern und Konkretes gibt es am Schluss nicht. Früher mussten wir nie über diese Themen diskutieren, es lief einfach, jeder wusste, was zu tun war!"

Theo: „Felix hat Recht. Können wir nicht endlich auf den Punkt kommen und, statt endlos im Kreis herumzudiskutieren, etwas speditiver vorwärts gehen? In unseren Stellenbeschreibungen steht doch genau, was jeder zu tun hat. Man muss es einfach nur machen."

Vorgesetzter: „Ja, Felix, ich merke, wie du langsam ungeduldig wirst."

Felix: „Nein, ich werde nicht ungeduldig, ich will einfach vorwärts kommen und nicht auf der Stelle treten!

Vorgesetzter: „Wie nützlich oder zielbringend war für dich das, was wir bislang getan haben – auf einer Skala von 1 bis 10?"

Felix: „Höchstens eine 2."

Vorgesetzter: „O.K.! Und wohin auf der Skala müssten wir zum Schluss kommen?"

Felix: „Auf eine 8,5!"

Vorgesetzter: „Was war denn bis jetzt in unserem Gespräch so nützlich, dass du es auf 2 eingeschätzt hast?"

Felix: „Margrit und Bea haben einiges von ihrem früheren Job erzählt. Das war neu und gut. Auch die Frage, was nach erst zwei Monaten bereits funktioniert – ich glaube, das hat uns weitergebracht."

Vorgesetzter: „Ja, das fand ich in der Tat auch hilfreich. Hast du eine Idee, wie wir deiner Einschätzung nach in der nächsten halben Stunde um einen, vielleicht zwei Punkte steigen könnten?"

Felix: „… Wir sprechen immer von Flexibilität im Umgang mit unseren Kunden. Ich möchte einmal genau wissen, was jeder darunter versteht. Wie sieht es denn genau aus, wenn wir so flexibel sind? Und – gut wäre, wenn wir wie ein Flussdiagramm unsere zentralen Arbeitsabläufe hätten. Wir könnten nachher damit beginnen Schritt für Schritt zusammenzutragen, wer genau was zu tun hat und wo die Schnittstellen liegen."

Theo: „Ja, den Vorschlag mit dem Diagramm fände ich auch hilfreich. Dann hätten wir es schwarz auf weiss."

Vorgesetzter: „Sind die anderen einverstanden, wenn wir als Erstes das Thema Flexibilität aufnehmen und uns danach den genauen Arbeitsabläufen zuwenden? Ich würde dennoch zuerst gerne das Thema, das wir gerade besprochen haben, abschliessen. Ich hätte dazu noch ein oder zwei Fragen. Es wird nicht länger als zehn Minuten dauern. Ist das o.k. so?"

7. Blick in die Werkzeugkiste

„Es ist wichtiger Fragen stellen zu können,
als auf alles eine Antwort zu haben."
James Thurber

1: Lösungsentwickelnde Fragen

Zu den wichtigsten Werkzeugen im SolutionCircle gehört – wie bereits mehrfach gesagt – das Fragen. Durch Fragen richten wir das Denken auf die Lösungsentwicklung. Forschendes, fragendes Vorgehen ist der beste Weg, faszinierende Entdeckungen zu machen. Ganz nebenbei bedeutet es, dass wir unser Wissen ständig erweitern. Oft merken wir dabei gar nicht, dass wir lernen.

Lösungsentwickelnde Fragen sind in unterschiedliche Kategorien aufzuteilen, doch welche Frage passt eigentlich genau auf die jeweilige Situation? Dazu gibt es eine einfache Faustregel:

Je länger jemand braucht, eine Frage zu beantworten, umso sicherer können Sie sein, dass Sie eine wirkungsvolle Frage gestellt haben. Stören Sie das Denken des Gegenübers nicht, indem Sie nachhaken oder die Frage neu formulieren. Haben Sie Geduld, so lange zu warten, bis Ihr Gegenüber eine Antwort gefunden und diese auch formuliert hat.

Die Angst, die Frage könne nicht passen oder falsch verstanden werden, zeigt sich in den allermeisten Fällen als unbegründet. Wird eine Frage als unpassend oder unklar aufgenommen, wird sehr schnell zurückgefragt. Üben Sie sich also in Geduld und unterbrechen Sie den wichtigen Prozess der Antwortfindung nicht: Während dieser Zeit machen sich neue Einsichten breit. Erfahrene Coachs sagen, dass sie in dieser „heiligen Zeit" der Antwortfindung einfach langsam bis zweihundert zählen. Sollte die Antwort bis dahin noch nicht gefunden worden sein, können Sie mit dem Zählen einfach wieder von vorne beginnen ...

Allerdings gibt es verschiedene Arten Fragen zu stellen. Es gibt Fragestellungen, die sich dazu benutzen lassen, eigene Ziele durchzusetzen. Sie kennen sicher Beispiele, wo Fragen einschüchtern und Antworten erschweren. Die

117

Fragen im SolutionCircle dürfen kein Selbstzweck sein, sondern sollen in erster Linie dem Ziel dienen: also helfen, das Ziel klarer zu definieren, Ressourcen zu optimieren und konkrete Umsetzungsschritte zu formulieren.

Überblick über hilfreiche Fragetypen

Lösungsentwickelnde Fragetypen zeichnen sich durch ihre Klarheit und Einfachheit aus. Die nachfolgende Strukturierung in sechs unterschiedliche Typen dient dazu, Ihr Repertoire an Fragen zu erweitern und für jede Situation eine Auswahl an wirkungsvollen Fragen zu finden.

Typ 1: Fragen nach dem Ziel

Während der Arbeit mit Ihrem Team werden Sie kaum an irgendwelchen Standardzielen interessiert sein, sondern an Zielen, die motivieren und präzise zur Situation passen. Sie steuern darauf hin, die Energien zu bündeln und gemeinsam das Erstrebte zu erreichen. Gemeinsam Ziele zu formulieren, heisst, sich eine Zukunft zu schaffen, der man angehören will.

Es hat sich bewährt, genügend Zeit bei der Definition zu investieren und viel über das Ziel zu erfahren. Je mehr Sie darüber sprechen, umso grösser und wichtiger wird es und umso klarer werden die Konturen. Bezüglich des Verhaltens in der Zukunft gilt es, sehr konkret zu werden. Das Ziel „bessere Kommunikation" bleibt etwas diffus und unklar. Was ist denn genau anders, wenn Sie im Team besser kommunizieren? Welche Verhaltensweisen zeigen die Teammitglieder, falls sie am Ziel angelangt sind? Wie werden es andere merken? Welche Auswirkungen wird es haben, wenn das Team sein Ziel erreicht hat?

Ziele sind „gut" definiert, wenn sie ganz konkret und verhaltensbezogen formuliert werden.

Eigenschaften klar definierter Ziele:

- Das Ziel sollte in Inhalt, Ausmass und Zeitbezug klar definiert sein:
  „Ich möchte nach diesem Workshop zwei Massnahmen wissen, die wir in den nächsten Wochen umsetzen können und unsere interne Kommunikation verbessern!"

- Die Umsetzung des Zieles sollte unter dem vollständigen Einfluss des Teams bleiben.

- Das Ziel sollte eher klein als zu gross sein.

- Es sollte den Beginn von etwas erfassen (und nicht das Ende). „Hin zum Ziel" und nicht „weg vom Problem".
  Bei: „Mein Chef soll nicht mehr an mir rumkritisieren", rückfragen: „Was soll er denn anstelle dessen tun?"

- Die Zielbeschreibung sollte das Verhalten des Klienten/Teammitgliedes und das Reaktionsverhalten anderer enthalten (interaktional).
  „Angenommen, Sie würden in Zukunft in dieser Art verharren, wie würde dann wohl die Marketingabteilung auf dieses veränderte Verhalten reagieren?"

- Es sollte etwas sein, das wie ein „Wunder" erscheint oder zumindest in Richtung eines Wunders geht. Es braucht ein Stück Sehnsucht und Herz, um attraktive Ziele zu formulieren.

- Das Ziel sollte möglichst konkret und verhaltensbezogen beschrieben werden.
  „Was tun Sie genau anders, wenn Sie Ihr Ziel erreicht haben?"

- Das Ziel sollte eventuelle Rahmenbedingungen mit berücksichtigen.

(Quelle: Steve de Shazer)

Wenn es mit zielorientierten Fragen gelingt, eine Landschaft zu zeichnen, die attraktiv erscheint und Sehnsüchte weckt, dann ist ein ganz zentraler Schritt gelungen: Der Wunsch nach Veränderung bekommt Gestalt.

Darüber hinaus weist diese Art der Fragen oft einen hypothetischen Charakter auf. Sie verlangen, dass sich das Team gedanklich in die Zukunft „beamen" lässt. Gemeinsam spielt man das Zukunftsszenario durch und prüft mögliche Varianten: potenzielle Auswirkungen zukünftiger Verhaltensweisen werden ausgelotet. Damit unterstützen wir die Möglichkeit, sich für oder gegen ein Verhalten zu entscheiden.

Beispielfragen:
- Was genau ist Ihr Ziel?
- Wenn Sie Ihr Ziel erreicht haben, was ist dann exakt anders?
- Woran werden Sie merken, dass Sie Ihr Ziel erreicht haben?
- Woran werden andere merken, dass Sie Ihr Ziel erreicht haben?
- Angenommen, Sie erreichen Ihr Ziel, was werden Sie dann genau anders machen? Wie würden dann die anderen im Team reagieren?
- Angenommen, Sie erreichen Ihr Ziel, welche Auswirkungen hätte dies noch?
- Können Sie Ihr Ziel/Ihre Ziellandschaft in einem Bild beschreiben? Wo finden Sie Platz in diesem Bild, wo die anderen Beteiligten?
- Angenommen, der bestehende Konflikt ist wie weggeblasen, was würde Ihr Chef dann als Nächstes in Angriff nehmen?
- Stellen Sie sich vor, das Team wählt genau Ihre angestrebte Vorgehensweise bei diesem Projekt. Wie würden Ihre Kunden darauf reagieren?

Typ 2: Fragen nach dem Lösungsweg
Wie kommt das Team von der jetzigen Situation in die erwünschte Ziellandschaft? Mit den Fragen nach dem Lösungsweg können Sie verschiedene Möglichkeiten entwickeln, um vom jetzigen, als problematisch erlebten Zustand Richtung Ziellandschaft zu gelangen. Dabei steht das Verhalten (Tun, wahrnehmbare Handlung) im Mittelpunkt. Wir fragen nicht nach Situationen, sondern danach, was jeder Einzelne konkret tut und was die Auswirkungen dieses Tuns sind.
Im SolutionCircle ist es unser Bestreben, nach Verhalten im „Hier und Jetzt" zu fragen und dazu Handlungsalternativen für die Zukunft zu entwickeln. Dadurch haben wir die Möglichkeit, diese zu gestalten. Das Herausfinden, durch

welche Aktivitäten man seinem Ziel näher kommen kann, stellt einen äusserst spannenden und lustvollen Prozess dar, denn oft ist es nicht eine bestimmte und vorgegebene Aktivität, die uns weiterbringt, sondern im Gespräch entstehen verschiedenste Möglichkeiten und Alternativen, die ganz neue Wahlmöglichkeiten eröffnen.

Beispielfragen:

- Was könnten Sie gleich morgen früh anders machen, um einen Schritt Richtung Ziel zu unternehmen?
- Wie könnten Sie andere unterstützen, einen Schritt Richtung Ziel zu tun?
- Wo/Bei wem könnten Sie sich Unterstützung holen, um Ihr Ziel zu erreichen?
- Welche persönlichen Ressourcen könnten Ihnen helfen, Ihr Ziel zu erreichen?
- Welches Verhalten von Ihnen hat bisher eher zur Lösung beigetragen?
- Was würden Ihnen Experten (eine liebe Freundin) in dieser Sache raten, als Nächstes zu tun?
- Woran würden andere beobachten, dass Sie einen Schritt Richtung Ziel gegangen sind?
- Woran würden Sie selbst es merken, dass Sie einen Schritt weiter sind?

Typ 3: Fragen nach Ressourcen

Teams geraten immer wieder in turbulente Situationen, die Konflikte, Problemstellungen oder auch allzu schnell geführte Change Prozesse sein können und erfolgreich gemeistert werden müssen. Dazu wird vom Team stets von neuem Kraft, Energie und eine Unmenge an persönlichen Fähigkeiten und Kompetenzen gefordert. Dass ein Team in diesen Situationen nicht untergeht, ist keinesfalls selbstverständlich. Wieder arbeitsfähig und erfolgreich zu werden gelingt besser, je mehr sich das Team seiner Stärken bewusst wird und diese auch gezielt einsetzt. Dazu helfen die Fragen nach den vorhandenen Ressourcen. Vielfach gilt es, diese neu zu entdecken.

Fragen nach Ressourcen machen die Fähigkeiten jedes Einzelnen und des Teams als Ganzes transparent. Sie helfen vorhandene, bewusste und unbewusste Stärken zu finden, die das Team unterstützen, den gemeinsamen Prozess erfolgreich zu begehen. Oft sind die Teammitglieder erstaunt, welche Fähigkeiten sie bei sich und anderen entdecken – und häufig ist es auch der Coach. Entdeckte Ressourcen gilt es zu bestärken, denn darauf kann eine nachhaltige Lösung aufgebaut werden.

Beim Aufdecken von Ressourcen hilft es, nach Sternstunden zu fragen: Ausnahmesituationen, in denen Schwierigkeiten weniger oder gar nicht aufgetreten sind. Die Frage nach Situationen, in denen die Probleme weniger schlimm, weniger schwierig oder weniger behindernd wahrgenommen wurden, helfen zu erkennen, was genau den Unterschied zwischen „total schlimm" und „aushaltbar" ausmacht. Meist sind dies kleine Zeichen eines leicht veränderten Verhaltens. Damit zeigen wir ausserdem auf, dass Situationen nicht „einfach da sind", sondern, dass jeder von uns auf jede Situation persönlich grosse Einflussmöglichkeiten hat. Sternstunden sind in diesem Sinne „Vorboten der Lösung", da sie ganz konkrete Hinweise geben, wie eine attraktive Zukunft aussehen kann.

Beispielfragen:

- Welche Situationen gab es in den letzten Wochen, in denen dieser Konflikt/dieses Problem nicht oder viel weniger heftig aufgetreten ist?
- Können Sie diese Situation genau beschreiben: Was war genau anders?
- Was haben Sie dazu beigetragen, dass die Lage anders wurde?
- Was würde eine beteiligte Person sagen, was genau anders war und was Sie genau anders gemacht haben?
- Wie haben Sie es überhaupt geschafft, diese schwierige Situation bis heute auszuhalten?
- Welche Lösungsversuche haben Sie schon unternommen?
  Was gibt Ihnen die Sicherheit, dass eine Veränderung zum Besseren überhaupt möglich ist?
- Wenn Sie in dieser schwierigen Situation etwas richtig gemacht hätten – was wäre das?

Typ 4: Skalenfragen

Mit Skalen zu arbeiten, erweist sich als sehr effektiv. Auf der Skala von 1 bis 10 lässt sich eine Fragestellung auf den Punkt bringen. Speziell in Themen wie

Kommunikation, Flexibilität, Kundenorientierung oder Führung sind Skalierungsfragen gut geeignet, um fassbar zu machen, was sich sonst nur schwer
umschreiben lässt. Skalen bieten zudem die Möglichkeit, in einer Standortbestimmung wesentliche Unterschiede deutlich zu machen, sodass Fortschritte zu diesem Thema konkret diskutierbar werden. Weiche Faktoren werden
konkret auf den Punkt gebracht. Gerade im Team lassen sich so unterschiedliche Wahrnehmungen und Einschätzungen transparent machen. Differenzen
werden sichtbar und können diskutiert werden.

Das Geheimnis der Skalierungsfragen liegt allerdings nicht in der Höhe des
angegebenen Wertes auf der Skala, der – wie bereits geschildert – immer
sehr subjektiv und aus diesem Grunde unter den Teammitgliedern kaum ver-
gleichbar ist. Das Geheimnis liegt vielmehr darin, mit Nachfolgefragen vorwärts gerichtete Energien zu fördern und zu bestärken.

Anwendungsbeispiele

Die Arbeit mit Skalen lässt sich in zwei grobe Schritte einteilen:

A) Standortbestimmung

„Wie schätzen Sie heute die (Fragestellung) im Team auf einer Skala von I
bis 10 ein, wobei 10 den wünschenswerten Zustand (unglaublich gut) und I
das pure Gegenteil davon meint?"

Im zweiten Schritt haben Sie die Möglichkeit, diese Standortbestimmung auf
verschiedenen Arten zu nutzen:

BI) Blick in die Kompetenzvergangenheit

„Sie stehen also schon bei Punkt X (egal, ob die Situation bei 2, 5 oder 7 eingeschätzt wird). Was funktioniert also schon gut?"

Dadurch finden Sie heraus, welches die kleinen Erfolgsgeheimnisse in der Vergangenheit waren, was Zuversicht und Vertrauen in die Möglichkeiten posi-
tiver Entwicklungen fördert.

B2) Blick auf die Ressourcen

„Wie haben Sie es geschafft, bereits heute auf X zu sein? Sie könnten schliesslich durchaus noch tiefer liegen. Aber Sie stehen schon auf X? Das muss irgend etwas mit Ihren Fähigkeiten zu tun haben?"

Dies stellt eine Einladung dar, kleine, oft unbemerkte Ressourcen zu entdecken und Stärken transparent zu machen, die bei der Zielerreichung nützlich sein können.

B3) Ziele konkretisieren

„Woran werden Sie genau merken, wenn Sie Ihr Ziel, auf X zu kommen, erreicht haben? Was werden Sie genau anders machen? Wie sehen die Auswirkungen aus?"

Diese Nachfolgefrage beabsichtigt, herauszufinden, was die Einzelnen konkret anders machen werden, wenn sie das Ziel erreicht haben. Dadurch wird Freiraum geschaffen, um ein klares und attraktives Bild der erwünschten Zukunft zu entwerfen.

B4) Nächste Schritte fokussieren

„Was könnten Sie tun, um auf der Skala einen kleinen Schritt weiter Richtung 10 zu kommen?"

Die Aufmerksamkeit wird ganz bewusst auf kleine Schritte der Verbesserung gelegt. Es geht darum, viele Ideen zu sammeln, damit auch die Wahlmöglichkeiten erhöht werden können. In der Folge kann Klarheit entstehen, wie man realistischerweise etwas (ein bisschen) anders machen könnte. Dadurch bietet sich die Gelegenheit, handhabbare Massnahmen zu formulieren.

Typ 5: Zirkuläre Fragen

Mit zirkulären Fragen denken wir um die Ecke. Die Fragen helfen, komplexe Beziehungsmuster zu erkennen, und zeigen darüber hinaus neue Perspektiven auf. Zirkuläre Fragestellungen klären vielschichtige Zusammenhänge und Situationen, wie sie in einem System (Team) die Regel sind. Dabei werden Beteiligte nicht verurteilt oder denunziert, sondern als Teile eines komplizierten Wirkungsgefüges erkannt.

Zirkuläre Fragen basieren auf der Erkenntnis, dass es für Problemstellungen keine „Wenn-dann"-Erklärungen gibt. Lineares Denken wird durch kreisförmiges oder vernetztes Denken ersetzt. Ein Problem entsteht durch die Verhaltensweisen mehrerer Personen aufgrund unterschiedlicher Wechselwirkungen und Beeinflussungen. Mit zirkulären Fragen erkunden wir, welche Verhaltensweisen (z. B. Auftraggeber zu Projektleiter) miteinander verknüpft sind, und welches individuell veränderte Verhalten einen konstruktiven Beitrag in Richtung Ziel bringen könnte. Mit zirkulären Fragen werden Massnahmen auf ihre Auswirkungen hin geprüft.

Zirkuläre Fragen zeigen zum einen jedem Einzelnen im Team auf, welche Tragweite ein verändertes persönliches Verhalten auf die Teamperformance haben kann, und zum anderen, was die eigene Verhaltensweise für Auswirkungen auf die Verhaltensweise anderer hat.

Beispielfragen:

*   Was glauben Sie, würde Ihr Kollege Heller zu Ihrer Kollegin Mattmüller über Ihren Konflikt mit dem Chef sagen?
*   Was glauben Sie, würde Ihr Chef zum Geschäftsführer sagen, wenn Sie dieses veränderte Verhalten an den Tag legen würden?
*   Welche Auswirkungen hätte es auf Ihre Kunden, wenn Sie dieses Projekt in der vorgeschlagenen Art durchführen würden?
*   Welche Beziehung könnte Ihre Kollegin zu Ihrer Chefin bekommen, wenn Sie in Zukunft mehr Verantwortung für den genannten Leistungsbereich übernehmen würden?
*   Welche Auswirkung hätte es auf die Leistungserbringung Ihres Projektteams, wenn Sie und Herr Müller sich weiterhin ausgedehnte Streitgespräche liefern?

Typ 6: Merk-würdige Fragen

Diese Art von Fragen sind mit Humor, Einfallsreichtum und etwas Spielerei verknüpft. Merk-würdige Fragen bewirken oft eine kurze Irritation beim Gegenüber, meist verbunden mit einem Schmunzeln. Gerade in Konfliktfällen bringen sie – sparsam und an der richtigen Stelle eingesetzt – erstaunlich gute Ergebnisse. Oft erinnern sich Teams noch Monate nach dem Teamworkshop an einzelne solcher Fragen – weil es eben merk-würdige Fragen gewesen sind.

Bei diesen Fragen ist es wichtig, dass wir sie ankündigen. Sie können das Team quasi um Erlaubnis zu fragen, bevor Sie eine derartige Frage stelle. (War die gemeinsame Arbeit bis jetzt hilfreich? Sind wir auf gutem Kurs? – Mir ist da eben eine Frage in den Sinn gekommen, die vielleicht etwas seltsam anmutet. Doch ich habe schon gute Erfahrungen gemacht damit. Was meinen Sie, soll ich Ihnen diese Frage auch stellen?)Die Ankündigung einer Frage verleiht ihr auch eine besondere Bedeutung.

Für gute merk-würdige Fragen gibt es kaum ein Rezept. Sie fallen einem ein oder eben nicht. Falls sie einem einfallen, ist dies ein Zeichen, dass vielleicht genau diese Frage nützlich sein könnte. Merk-würdige Fragen zeigen einen ganz neuen Wirklichkeitsfokus, können Dinge sprechen lassen, personifizieren abstrakte Begriffe oder beziehen ganz unwahrscheinliche oder wundersame Bilder in die Arbeit mit ein.

Beispielfragen:

* Woran würde Ihr Computer merken, dass Sie Ihr Ziel erreicht haben?
* Welcher Alltagsgegenstand könnte Ihnen helfen, Sitzungen zielgerichteter und gelassener zu leiten?
* Woran erkennen Sie in der nächsten Projektstandssitzung, dass der Konflikt nicht mit in den Sitzungsraum kam?
* Wenn Sie sich auf einer Ihrer Bergwanderungen an einen Stausee begeben, all Ihre Schuldgefühle nehmen und in einen grossen Stein implementieren könnten – und diesen Stein für immer im Stausee versenken könnten –, was wäre dann anders?
* Angenommen, Ihre Teamregeln könnten sprechen: Welche Aussagen würden Sie über Ihre Anwendung in diesem Team machen?
* Jetzt würde mich sehr interessieren: Wie könnten Sie dies alles wirklich noch schlimmer machen?

Generell gilt:

Es existiert eine breite Palette von lösungsentwickelnden Fragen. Ob eine Frage hilfreich und nützlich war, wird in der Regel an der Reaktion des Kunden bzw. des Teams sichtbar. All diese Fragen haben etwas gemeinsam:

* <u>Sie sind offene Fragen.</u> Sie können also nicht mit „Ja" oder „Nein" beantwortet werden, sondern öffnen das Gespräch. Sie verlangen, sowohl vom Fragenden als auch vom Antwortenden neue Aspekte zu bedenken und zu formulieren. Lösungsentwickelnde Fragen bringen einen

Denkprozess in Gang, der hilft, massgeschneiderte Lösungen zu entwickeln. Es gibt nur richtige Antworten darauf. Sie wollen die Handlungsmöglichkeiten erweitern und nicht einengen!

- Sie sind keine Suggestivfragen, die dem Antwortenden praktisch die Antwort schon vorgeben würden. Wer Suggestivfragen einsetzt, vermittelt unterschwellig seine eigenen Wertvorstellungen von „richtig" und „falsch". Damit lenken wir das Denken anderer Menschen in eine bestimmte Richtung – nämlich in unsere Denkrichtung. Sie verkörpern manipulierende Fragen, deren Ziel es ist, andere von einer bestimmten Ansicht zu überzeugen. „Herr Müller, Sie denken doch auch, dass es in dieser Situation das Klügste wäre, wenn …" „Aber Sie werden sich doch nicht damit abfinden, dass …?" Der SolutionCircle soll einen Rahmen geben, in dem jede Meinung jedes Teammitgliedes akzeptiert und in Ordnung ist. Erst dann wird es möglich, dass die Ergebnisse für das Team massgeschneidert und nicht für den Vorgesetzten/Coach sind.

- Sie konzentrieren sich in erster Linie auf sichtbares Verhalten – und nicht auf allgemein gültige Begriffe. Sprechen wir von besserer Zusammenarbeit, Erfolg, klarer Führung, mehr Kooperation usw., so interessiert uns, was die Einzelnen genau tun, falls die Zusammenarbeit besser klappt. Was macht in diesem Fall genau den Unterschied aus? Woran merkt das Team schliesslich, dass die Zusammenarbeit sich verbessert hat? Oft sind Begriffe so verschieden besetzt, dass jeder etwas anderes darunter versteht. Wichtig sind folglich nicht die Etiketten oder Begriffe, sondern das konkrete Tun, das die Menschen mit diesem Begriff verbinden. Erst so wird der gemeinsame Veränderungsprozess zum Leben erweckt und bekommt eine Relevanz für den Alltag – ansonsten bleibt es leider allzu oft bei guten Vorsätzen und leeren Worthülsen.

2. Zwischenstopps für Rückmeldungen

Der Coach führt durch das Meeting, ist Wegbegleiter, der sowohl auf das Wohlergehen (sein eigenes und das der Teammitglieder) achtet als auch für die Orientierung während des Workshops sorgt. Er führt mit Fragen die Gruppe auf möglichst direktem Weg zum Ziel.

Während der Arbeit kurze Zwischenstopps für Rückmeldungen zum Prozess einzufügen, hilft bei der Einschätzung des bisher zurückgelegten Weges und bei der Planung der nächsten Schritte. Bedürfnisse, Wünsche oder auch Verstimmungen lassen sich von aussen nicht immer klar erkennen. Was also tun? Fragen Sie Ihre Mitarbeiterinnen und Mitarbeiter, inwieweit das bisherige Gespräch dazu beigetragen hat, dem gemeinsamen Ziel näher zu kommen. Fragen zum Prozess wollen Raum für Rückmeldungen öffnen. So können Sie den Prozess äusserst passgenau führen und landen zum Schluss nicht an einem Ort, an den niemand wollte.

Diese Zwischenstopps sind zudem auch gute Gelegenheiten, mit eher kritischen Teammitgliedern im Gespräch zu bleiben und sie noch besser in die Verantwortung mit einzubeziehen.

Beispielfragen:
* Inwieweit war das, was wir bis jetzt getan haben, für die Zielerreichung hilfreich?
* Wenn wir zu Beginn unseres Workshops im Hinblick auf unser Ziel bei einer 1 waren – und das Ziel, auf das wir zusteuern, bei 10 liegt, wo stehen wir da Ihrer Meinung nach im Moment.
* Was war bisher hilfreich, um an diesen Punkt zu gelangen?
* Bis wohin können wir heute realistischerweise kommen?
* Was sind die dazu notwendigen Schritte?

3. Stille und Achtsamkeit
Vielleicht ist es ein wenig ungewöhnlich, Stille und Achtsamkeit an dieser Stelle aufzuführen. Aber genau wie in der Musik – die im Wesentlichen aus Pausen besteht – sind Momente der Ruhe in der Arbeit mit dem SolutionCircle ganz wichtig. Bewusst eingesetztes Warten, ruhiges Zuhören, achtsames Dabeisein. Schweigepausen geschehen lassen heisst Passivität und innere Reflexion aufzunehmen. Stille und Reden im Wechsel scheint oft selbstverständlich. Wer aber die alltägliche „Kommunikationshektik" in vielen Unternehmen kennt, der weiss Pausen zu schätzen. Stille hat auch etwas mit Geschehenlassen zu tun. Einen Moment aus dem Aktivitätsdrang aussteigen und geschehen lassen. Oft wird zwar moniert, dass all das, was von alleine geschieht,

nicht gut sein kann. Gerade Manager wollen alles im Griff haben – und verlieren oft gerade so die Kontrolle. Die Erfahrung beweist, dass die besten Lösungen und Ideen beim Zuschauen entstehen, beim Warten, nachdem man schon fast aufgegeben hat.

4. Kleine Erfolge beleuchten

Die Veränderungsprozesse mit dem SolutionCircle bauen auf bisherige Erfolge und vorhandenen Ressourcen auf. Aufgabe des Coachs ist es, in den Gesprächen sorgfältig auf Kompetenzen und Fähigkeiten zu achten und diese auch zu benennen. Es gilt also, den Fokus vermehrt auf Erfolge zu richten – und seien sie auch noch so unscheinbar.

Ben Furman, ein lösungsorientierter Therapeut und Coach aus Finnland, hat dazu ein einfaches, aber wirkungsvolles Werkzeug entwickelt, das er „The Triple" nennt:

„Der Name TRIPLE ist eine Kurzform des wissenschaftlichen Konzeptes, welches als ‚der Dreischritt der Aufmerksamkeit' bekannt ist. Der TRIPLE besteht aus drei Elementen. Das erste Element nennen wir ‚Ausruf der Bewunderung' (Exclamation of Wonder). Normalerweise wird dazu der Ausruf ‚Wow' verwendet, gefolgt vom Satzanfang: ‚Ich bin beeindruckt von Ihrer Fähigkeit …'

Der zweite Teil des TRIPLES wird im wissenschaftlichen Umfeld als ‚Anerkennung der Schwierigkeit' (Statement of Difficulty) benannt. Dies meint, dass Sie nach dem Ausruf der Bewunderung eine Einschätzung machen über die Schwierigkeit, in dieser Situation erfolgreich zu sein. Die favorisierte Verbalisierung heisst hier: ‚Das war sicher nicht einfach!' – aber Sie können verschiedene Varianten testen, wie beispielsweise auch ‚Ich glaube nicht, dass ich dies geschafft hätte' oder ‚Das ist wirklich nicht selbstverständlich' usw.

Der letzte Teil des bekannten TRIPLES ist eine Frage, bekannt als ‚Erfragen der Kompetenzen' (Interrogation of Credit). Dies ist eine einfache Frage, welche die Faktoren herausfinden will, die zum Erfolg geführt haben. Häufig wird hier folgende Frage verwendet: ‚Wie haben Sie das geschafft' – aber auch verschiedene andere Möglichkeiten sind denkbar.

Manchmal antwortet die Person, bei der wir einen Erfolg festgestellt haben und der wir den TRIPLE zukommen liessen, in einer spezifischen Art, welche wir in der ‚Wissenschaft der Lösungsfindung' (Science of Solutions) als ‚Teilen der Kompetenzen' (Sharing Credits) kennen. Sie haben eine Attacke von Grosszügigkeit und geben das Kompliment, das wir mit dem TRIPLE aussprachen, an irgendjemanden weiter. Sie sagen etwas wie: ‚Ich hätte dies nie geschafft, wenn nicht dieser und jene mir geholfen hätte.' Hier endet jedoch der TRIPLE noch nicht! Wir geben die Wertschätzung der Person zurück, der sie gehört (Backcreditation). Dazu gibt es verschiedene Möglichkeiten in der Art wie: ‚Das ist nett von Ihnen, diesem oder jenem zu danken, aber ich bin sicher, dass Sie selber auch einen wichtigen Part darin gespielt haben!'" (Zitat, frei übersetzt, nach der Darstellung von Ben Furman, Mailing-Liste vom 29.08.2002)

8. Hilfreiche Arbeitsprinzipien

„Verstehen existiert nicht.
Es gibt nur nützliche
und weniger nützliche Missverständnisse.“
Steve de Shazer

Was macht den Unterschied zwischen dem durchschnittlichen und dem herausragenden Koch aus? Auch wenn beide das gleiche Menu kochen und genau dasselbe Rezept dazu verwenden, wird man einen Unterschied merken. Sicher hat es etwas mit der Erfahrung zu tun, doch ausschlaggebend ist die Haltung des Kochs! Der herausragende Koch wird schon beim Einkauf das Gemüse sorgsam auswählen, wird die Gewürze frisch aus dem Garten holen und noch aussortieren, er wird sich getrauen, etwas mehr von jener Zutat beizugeben und dafür eine andere spärlicher zu verwenden. Kochen ist für ihn Inspiration, ein kreativer Akt, lustvoll und auch etwas experimentell. Er ist bestrebt, das Beste für seine Gäste zu kochen und ihnen nicht ein Essen, sondern ein Erlebnis zu präsentieren.

Auch dieses Werkstattbuch ist eine Art Kochbuch, mit einem einfachen Rezept und den nötigen Zutaten. Nutzen Sie es im Alltag, wird es funktionieren – gerade so, wie ein Rezept aus dem Kochbuch funktioniert (auch wenn man das Essen immer noch verkochen kann). Hinter den Werkzeugen, die Sie hier finden, hinter dem Menü „SolutionCircle" steht eine Idee vom Umgang mit Menschen und der Führung von Menschen; eine Idee, wie gemeinsam am effektivsten Lösungen entwickelt und umgesetzt werden können. An diesen Vorstellungen oder persönlichen Haltungen zu arbeiten, hat sich in der Praxis als effektiver erwiesen als das Training des perfekten Umgangs mit den Werkzeugen.

Eine Haltung äussert sich am eindeutigsten an konkreten Handlungen. Genau so, wie sich die Handlungen des Kochs an gewissen Prinzipien orientiert, richtet sich die Arbeit mit den Werkzeugen des SolutionCircles an folgenden Gedanken:

Experten für die massgeschneiderte Lösung

Speziell Berater sind oft nur allzu schnell bereit, Ratschläge und gute Tipps weiterzugeben. Und auch Vorgesetzte konstruieren aufgrund ihrer Erfahrung schnell Standardlösungen für ihr Team, schliesslich haben sie schon verschiedene Teams geführt oder begleitet und folglich eine sehr breite Erfahrung. Zudem hilft die fachlich fundierte Ausbildung, schnell zu erfassen, welches die „richtige" oder „zielbringende" Vorgehensweise ist. Beraterinnen und Berater wie auch Führungskräfte steigen gerne in die „Expertenrolle" und glauben, damit hilfreich zu sein. In gewissen Situationen, wenn es um Fragen der Informationsbeschaffung oder um das Wissen von organisatorischen Abläufen geht, mag dies sicher sinnvoll sein und Zeit sparen.

In vielen anderen Situationen allerdings berauben wir das Team um eine grosse Chance! Die Chance nämlich, den eigenen und massgeschneiderten Weg zu finden und nötige, lehrreiche Umwege zu gehen.

Jede turbulente Teamsituation ist einzigartig und hat lediglich mit den Menschen zu tun, die davon betroffen sind. Die Betroffenen stellen die echten Experten für ihr Problem dar. Lösungsvorschläge von aussen können hier höchstens als Ideen wirken, nicht aber als passgenaue Lösung. Die Betroffenen haben sich meist schon Stunden (Tage und Nächte) mit den Fragestellungen auseinander gesetzt. Der SolutionCircle baut auf der Überzeugung auf, dass nur sie die passende (und nicht irgendeine) Lösung finden können. SolutionSurfing heisst, sich und seine Ideen zurückzunehmen und dem Team den Spielraum zur Lösungsentwicklung zu eröffnen.

Gerade als Teamleiterin oder Teamleiter dürfte es bestimmt nicht einfach sein, sich bezüglich Ratschlägen und Tipps zurückzuhalten. Die Überzeugung aber, dass durch das Abgeben der Verantwortung für die Lösungsentwicklung sowohl das Mitdenken und Engagement als auch die Selbstständigkeit der Mitarbeitenden gestärkt wird und damit die Chance für eine dynamische Entwicklung steigt, lässt Sie als Führungskraft diese Herausforderung wahrnehmen. Es zahlt sich mehrfach aus! Immer wieder zeigt sich, dass die Umsetzung von vereinbarten Massnahmen um ein Vielfaches höher liegt, wenn die Lösungen von den Beteiligten selbst erarbeitet wurden.

Fruchtbringende Unkenntnis

Unkenntnis bedeutet Unvoreingenommenheit, gibt Narrenfreiheit, unkonventionelle Fragen zu stellen, und überlässt die Verantwortung für inhaltliche Fragen und passende Lösungen den Experten – den Beteiligten des Konfliktes. Unkenntnis ist für die gesamte Arbeit mit dem SolutionCircle eine durchaus fruchtbare und dienliche Voraussetzung. Im Gegensatz zur Ressource der Unkenntnis steht die Gewissheit. Wir neigen generell dazu, Gewissheit erlangen zu wollen, stichhaltige Argumente zu finden, genau zu analysieren, damit Wahrheiten gefunden werden, um Aussagen mit klaren Daten und Fakten zu hinterlegen, wissenschaftlich zu arbeiten. Doch was uns gewiss erscheint, kann keine Alternativen bieten, ist einzig und alleine unsere Konstruktion, unsere Sicht auf die Welt und hat ganz entscheidend mit uns selbst zu tun.

Regelmässig berichten Vorgesetzte und Berater, wenn sie mit dem Solution-Surfing beginnen, dass sie oft nur ansatzweise verstehen, was einzelne Teammitglieder als ihre Probleme schildern. Dies führt dazu, dass sie sich etwas machtlos vorkommen. Wie sollen sie bloss dem einzelnen Menschen helfen, wenn sie von dem, was er erzählt, nur wenig bis nichts begreifen? Wenn Sie davon ausgehen, dass die Welt in den Köpfen entsteht, werden Sie sehen, dass Sie einen Menschen ohnehin nie wirklich und vollständig verstehen können. Das Heraushalten aus dem vertieften „Verstehenwollen" und sich damit in der Haltung der „fruchtbaren Unkenntnis" üben, gibt Ihnen die Chance, sich intensiv um den Prozess zu kümmern. So können Sie sich voll und ganz auf Ihre Rolle als Coach konzentrieren. Sie müssen nichts verstehen, um die Elemente des SolutionCircles ausgezeichnet einzusetzen. Sie dürfen es sich sogar leisten, erstaunt und erfreut über die erarbeiteten Lösungen zu sein. Zeugen sie doch davon, dass hier wirklich die Beteiligten selbst intensiv gearbeitet haben.

Unkenntnis ist in diesem Zusammenhang äusserst fruchtbar. Sie zeugt von Respekt gegenüber anderen Meinungen und neuen Ideen. Nicht der Versuchung der Gewissheit zu erliegen, ermöglicht es uns immer wieder neu, uns auf den Weg zu begeben und für einen Streifzug ins Unerwartete bereit zu sein. In Teams kommen die unterschiedlichsten Meinungen und Ansichten zusammen. Oft sind sie überraschend und gar nicht so, wie man sie als Vorgesetzter erwartet. Die Haltung der fruchtbaren Unkenntnis ermöglicht es, dass der Coach vorurteilslos einen Gesprächsraum schaffen kann, in welchem unterschiedliche Meinungen zur Lösungsentwicklung genutzt werden können.

Klarheit bezüglich der eigenen Interessen

Nicht jedes Gespräch im Team kann in der Art des SolutionCircles organisiert werden – manchmal haben Sie als Führungskraft klare Interessen, bestimmte Sachverhalte mitzuteilen. Sie haben eine Entscheidung gefällt, die es umzusetzen gilt. Oder Sie haben unternehmerische Ziele zu vertreten und umzusetzen. In Ihrer Funktion als vorgesetzte Führungsperson setzen Sie einen Rahmen bezüglich Werten und Normen, der für Sie nicht verhandelbar ist. Und indem Sie den Rahmen besser vorgeben, beschreiben Sie automatisch auch den Spielraum, der innerhalb dieses Rahmens von den Mitarbeitenden genutzt werden kann.

Der SolutionCircle entbindet Vorgesetzte nicht vom verantwortungsvollen Führen und Leiten. Er soll Ihnen als wirkungsvolles Instrument dienen, um in bestimmten Situationen Fortschritte mit dem Team zu erzielen.

Wertschätzung und Toleranz gegenüber Problemschilderungen

Die hier beschriebene Vorgehensweise verlangt Sorgfalt und Wertschätzung gegenüber den als schwierig erlebten Situationen. Menschen nehmen ein Ereignis wahr, erleben diesen Eindruck als unbehaglich oder gar als Bedrohung. Die empfundene Abweichung vom wünschenswerten Zustand beschreiben sie als Problem. Probleme werden demzufolge in den Köpfen der Einzelnen aus persönlich interpretierten Erlebnissen geschildert, was es manchmal Aussenstehenden schwierig macht, sie nachzuvollziehen. Auch wenn wir die Darstellung von Problemen, die uns geschildert werden, nicht verstehen können, für die Person, die die Situation erlebt hat, muss es ein schwieriges, manchmal schmerzliches Erlebnis gewesen sein. Sobald wir Probleme als unwichtig oder nichtig abtun, werden wir der Gefühlslage dieser Person nicht gerecht, was, nebenbei erwähnt, häufig die Ursache von Widerstand ist. Selbst wenn Ihnen eine Fragestellung im ersten Moment eher banal oder trivial erscheint, gilt es, sie ernst zu nehmen. Zudem kostet es für ein Teammitglied oft einiges an Überwindung, offen über Probleme im Team zu sprechen. Dies ist keine Selbstverständlichkeit. Schon alleine dieser Umstand gilt es entsprechend wertzuschätzen, denn hierin liegt schon ein erstes Zeichen eines ehrlichen Veränderungswunsches.

Komplimente geben

Ich bin oft in einer sehr angenehmen Art betroffen, wenn ich während eines Gespräches ungeahnte Stärken bei meinem Gegenüber entdecke. Obwohl es nicht unbedingt zu unserer Arbeitskultur gehört, wage ich es dann, Komplimente auszusprechen. Die Mitglieder im Team besitzen persönliche Qualitäten und Erfahrungen, die von grossem Nutzen beim Meistern von Schwierigkeiten sein können. Diese Qualitäten oder Ressourcen – Widerstandsfähigkeit in schwierigen Zeiten, die Fähigkeit, hart zu arbeiten, Humor, die Bereitschaft, anderen zuzuhören und zu helfen, präzise Projektplanungen zu erstellen, das Interesse mehr zu lernen – bilden zusammen mit anderen die Stärken der Teammitglieder.

Komplimente müssen ernst gemeint und nicht als „manipulativer Kommunikationstrick" angewendet werden. Davon absehen sollte man, wenn man nur „freundlich" oder „nett" sein möchte. In solchen Fällen wird der Coach schnell unglaubwürdig. Hilfreiche Komplimente gründen sich auf realen Begebenheiten und entspringen dem, was der Gesprächspartner wörtlich oder durch sein Verhalten kommuniziert.

In der Arbeit mit Teams haben Komplimente eine ungeahnte Kraft. Sie fördern die Hoffnung und die Zuversicht für die anstehenden Entwicklungsschritte. Darüber hinaus beleuchten sie die Stärken und Erfolge in der Vergangenheit, die zum Erreichen der Ziele hilfreich sein können. Sie werden das Gesagte gewiss von sich her kennen. Erinnern Sie sich doch einen Moment an ein Kompliment, das Sie in ihrer Kinder-/Jugendzeit erhalten haben. Meist haben diese Komplimente noch heute Wirkung auf unser Selbstbild, eventuell gar auf unseren heutigen Beruf.

Gelassenheit und Vertrauen

Speziell in Konfliktsituationen kann Gelassenheit eigentlich nur entstehen, wenn man davon überzeugt ist, dass genau dieser Konflikt Sinn macht und Ausgangspunkt für eine Weiterentwicklung ist. Dies ist ein hoher Anspruch, gerade weil es nahezu unmöglich ist, von vornherein zu erkennen, was in diesem bestimmten Fall Sinn machen soll. Vielleicht lässt sich auch dies mit dem Bild des Wellenreitens vergleichen. Auf dem Surfbrett stehend, nutze ich die Welle um meinen Strand anzulaufen. Ich stehe hoch konzentriert auf dem Brett, damit ich sanft und leicht jeder Bewegung der Welle folgen kann, immer mit der Welle und ja nie gegen sie. Unter mir spüre ich die unheimliche Kraft des Wassers, ein Toben und Rauschen. Jede Wellenkrone braucht ein Wellental. Ich muss erkennen, wo die Energien liegen, nur dann kann ich sie zielbringend nutzen. Das kann ich aber nur, wenn ich – ähnlich wie ein Surfer – auf der Welle reite und nicht in den Strudel eintauche. Aus der ausbalancierten Position, in Gelassenheit und Sicherheit, kann ich souverän reagieren. SolutionSurfing – Reiten auf der Lösungswelle – kann ich dann am besten, wenn ich mit grosser Gelassenheit und Vertrauen agiere.

Verschiedene Wahlmöglichkeiten

Oft stellen Teams in schwierigen Situationen lediglich Lösung A gegen Lösung B. Zwischen diesen Positionen müssen sie sich entscheiden – schwarz oder weiss. Im SolutionCircle denken wir nicht in schwarz oder weiss und auch nicht in all den Graustufen dazwischen, sondern im ganzen Farbkreis! Viele Farben haben in Lösungen Platz! In der Arbeit mit Teams wollen wir verschiedene Handlungsoptionen eröffnen, Wahlmöglichkeiten schaffen, den Spielraum ausloten. Wir fragen also nach der dritten (und vierten und fünften) Lösungsmöglichkeit.

Allparteilichkeit pflegen

Ein weiteres Prinzip soll mit dem Begriff der „Allparteilichkeit" umschrieben werden. Gerade in Konfliktsituationen ist es wichtig, dass die Person, die den Rahmen für eine Lösung gestaltet, nicht für die eine oder andere Seite Partei ergreift. Wenn alle im Team, also auch der Vorgesetzte, in einen Konflikt involviert sind, erscheint es sinnvoll, für die Moderation eines Workshops einen externen Coach hinzuziehen. Jedes Teammitglied muss darauf vertrauen können, dass der Coach den Konfliktlösungsprozess unvoreingenommen moderiert. Ansonsten wird sich die ganze Arbeit eher als Alibiübung herausstellen. Jeder Beitrag im Verlauf der Arbeit ist wichtig und wertvoll – es gibt nach dieser Auffassung keine falschen Beiträge.

Der SolutionCircle ist so aufgebaut, dass die Lösungen von Konflikten in einem gemeinsamen Prozess von den Beteiligten erarbeitet werden. Sie, als Begleiter des Prozesses, heissen alle Ideen und Beiträge willkommen – das Team entscheidet, welcher Beitrag, in den gegebenen Rahmenbedingungen natürlich, zieldienlich genutzt werden kann. Wenn der Coach Partei ergreift, baut er Widerstand auf und gefährdet die Umsetzung der Lösungsschritte!

9. SolutionSurfing im Teamalltag

> *„Be the change you want to see in the world."*
> Mahatma Gandhi

SolutionSurfing will die Arbeit im Team einfach, leicht und äusserst zielgerichtet machen. Die einzelnen Elemente des SolutionCircles lassen sich als effektive Werkzeuge in das Führungsrepertoire integrieren. So können Sie die Kraft des lösungs- und ressourcenorientierten Arbeitsprinzips in den Teamalltag einfliessen lassen.

Dazu einige Beispiele aus der Praxis:

1: Scaling Dance in Mitarbeiterqualifikationsgesprächen

U. L. ist seit einigen Jahren Leiter der Controllingabteilung einer Schweizer Grossbank. Er hat jährlich mit jedem seiner Mitarbeiter ein Qualifikationsgespräch. Erstmals hat er dieses Jahr verschiedene Skalen in die Gespräche eingeführt, wovon er sich erhofft, die Sozialkompetenz der einzelnen Mitarbeiter besser fördern zu können. Quantitative Werte, wie Umsatz, erfolgreiche Verkäufe oder auch zeitgerechter Abschluss von Projekten, lassen sich relativ leicht objektiv erfassen. Bei weichen Wirklichkeiten, wie Kooperationsfähigkeit, Flexibilität, Innovationskraft u. Ä., helfen Skalen, Fortschritte transparent zu machen.

- Wie schätzen Sie selbst auf einer Skala von 1 bis 10 Ihre Führungsarbeit in diesem Projekt ein?
- Was haben Sie konkret getan, um auf den besagten Punkt zu kommen?
- Wo standen Sie bezüglich Ihrer Führungskompetenz vor einem Jahr?
- Wo auf der Skala liegt das Ziel, das Sie bezüglich Ihrer Führungskompetenz erreichen möchten?
- Wenn Sie diesen Wert erreicht haben, was werden Sie dann genau anders machen? Woran werden es Ihre Mitarbeiter merken?
- Was könnte ein erster kleiner Schritt in Richtung Ihres Zielwertes sein?

Einfache Zahlen werden zur Orientierungshilfe herangezogen, um die „Soft Skills" auf den Punkt zu bringen. Es ermöglicht, eine klare Standortbestimmung zu machen, Ressourcen und Fortschritte zu beleuchten und Ziele zu formulieren.

2: Futur Perfekt bei der Gründung eines Vereins

P. S. möchte mit zwei guten Kollegen einen Verein gründen, der überregionale Events für ein grosses Publikum organisiert. Als die drei zum ersten Mal zusammen sassen, vereinbarten sie ein kleines Rollenspiel: Sie trafen sich imaginär im zweiten Jahr nach der Vereinsgründung. Sie „beamten" sich gedanklich in die Zukunft und tauschten ihre Ansichten in einer fiktiven Vorstandssitzung darüber aus, was sie schon alles erreicht hatten und wie sie Probleme meistern konnten.

Einerseits empfanden die drei dies als sehr lustvolles Vorgehen, andererseits reiften in jedem von ihnen dadurch ganz konkrete Vorstellungen, wohin sie mit diesem Verein wollten, welche Ziele im Zentrum standen, was sie zuversichtlich machte, diese Ziele auch zu erreichen – und es zeigte ihnen auch auf, wo mögliche Stolpersteine liegen konnten. Ausserdem wurde klar, wo die Energien jedes Einzelnen lagen und wofür sie sich begeistern konnten.

So konnten die nächsten Schritte von den dreien sehr präzise geplant und angegangen werden.

Gemeinsam eine Diskussion über vergangene Aktivitäten eines Projektes in der Zukunft zu führen, schärft die konkreten Zielvorstellungen und öffnet den Raum für neue Ideen. Aus dem Sport kennen wir dieses Phänomen schon länger: Spitzensportler berichten, wie viele Wettkämpfe einzig und alleine im Kopf entschieden werden. Marathonläufer bringen sich über die schwierigste Zeit, indem sie sich den Zieleinlauf vorstellen. Sie versetzen sich in die Situation, wenn sie es geschafft haben, hören das Publikum auf den letzten Metern rufen, reissen geistig die Arme auf der Ziellinie hoch. Diese Freude und Selbstbefriedigung treibt sie zusätzlich an. Dies ist sicher hilfreicher, als sich auf ihre Schmerzen und ihre Müdigkeit zu konzentrieren. Sich von der erwünschten Zukunft leiten zu lassen, kann in Projekten und Aktivitäten ein nützlicher Startpunkt sein.

3. Erwartungen und Ziele in der Abteilungssitzung

Ein Team ausgewiesener Fachspezialisten im Informatikbereich hat sich darauf geeinigt, einen Teil der Abteilungssitzung, der knapp die Hälfte der ganzen Sitzung ausmacht, offen zu gestalten. Jeder Teilnehmer soll die Gelegenheit bekommen, ihm wichtige Themen einzubringen. Dabei stand als leitende Frage im Zentrum: „Was muss in diesem Meeting besprochen/entschieden werden, damit es sich für mich gelohnt hat, mit dabei zu sein?" Das gemeinsam vereinbarte Vorgehen sieht zwei Schritte vor:

a) Wer ein Thema mit den anderen diskutieren möchte, stellt es in zwei Sätzen kurz vor und formuliert, was er am Ende der Diskussion erreichen möchte (Ziel). Zudem gibt er den ungefähren Zeitbedarf seines Themas an.

b) Die einzelnen Themen, samt Ziel und Zeitbedarf auf einem Flipchart festgehalten, werden gemeinsam priorisiert: Jedes Teammitglied kann drei, zwei oder einen Punkt verteilen.

4. Lösungsentwickelnde Fragen in der Projektstandsitzung

G. D. leitet als externer Berater ein grosses Informatikprojekt in der Kantonsverwaltung. Neben Mitarbeitern der Verwaltung sitzen noch die externen Softwareanbieter und Vertreter der zukünftigen Benutzer der neuen Informatiklösung im Projektteam.

G. D. hat sich angewöhnt, in erster Linie lösungsentwickelnde Fragen zu stellen, da er herausgefunden hat, dass er damit viel Zeit und Energie sparen kann:

VA: Leider konnten wir die erste Version der Software noch nicht testen, da unser Tester krank war und die anderen Mitarbeiter unter völliger Überlastung stöhnen. Zudem kam die Zeitvorgabe sehr kurzfristig.

G. D.: Können Sie mir sagen, bis wann es möglich ist, dass Sie die erste Testphase, die eigentlich für heute anvisiert war, abschliessen können?

VA: Ja, schwierig zu sagen. Unser Chef meinte, es pressiere nicht so sehr, und zudem ist, wie schon gesagt, einer unserer Kollegen noch krank geworden.

G.D.: O.k.! Brauchen Sie irgendetwas von mir oder von uns, um die Tests durchzuführen?

VA: Eigentlich nicht, wir müssen das intern regeln.

G.D.: In Ordnung. Also bis wann wird es Ihnen möglich sein, die Tests seriös abzuschliessen?

VA: In zehn Tagen sollten sie dann abgeschlossen sein.

G.D.: Ich verlasse mich darauf. Bis zum 14. also. Was hat dies für Auswirkungen auf die Weiterarbeit der anderen Teilprojekte?

G. D. konzentriert sich ganz auf die Lösung. Das Warum und Wieso lässt er nicht Gegenstand der Diskussion werden. Er geht auch nicht auf den leisen Vorwurf der „kurzfristigen Terminangabe" ein. Konsequent behält er die Lösung im Auge und überprüft dann die Auswirkungen des neuen Vorschlages. In jedem Projekt gibt es unzählige Gründe, warum etwas nicht so geschieht, wie es eigentlich geplant wurde. Konsequent auf der Lösungsebene zu bleiben, kann hier unendlich viel Zeit sparen. Zudem übernimmt G. D. nicht die Verantwortung für dieses Teilprojekt, sondern erwartet ganz einfach, dass jeder seinen Job tut und Lösungen für seine Probleme erarbeitet.

5. Der SolutionCircle in Veränderungs- und Entwicklungsprozessen

Ein Team von Marketingfachleuten nutzte Elemente des SolutionCircles für ihre Teamentwicklung. Zwei neue Mitglieder stiessen vor gut zwei Monaten dazu, die eingebunden werden mussten. Zudem stand eine Reorganisation der ganzen Marketingagentur an.

Das Team setzte seinen ersten Workshop aus folgenden Elementen zusammen:

Erwartungen und Ziele

Was wollen wir heute erreichen? Woran werden wir merken, dass wir unser Ziel heute erreicht haben?

Sternstunden

Was tun wir schon sehr erfolgreich und wollen dies auch in Zukunft weiter tun?

Futur Perfekt

Wie sieht unser Team in sechs Monaten aus. Was tun wir da genau? Wodurch zeichnet sich unser Erfolg aus?

Massnahmen

Wie sehen erste konkrete Schritte aus, um Richtung Futur Perfekt zu gelangen?

Um den Prozess in Gang zu halten, vereinbarte das Team,

- dass jeder ein Gespräch mit einer Person ausserhalb des Marketing-Business führen sollte, um die genannten Vorstellungen kritisch hinterfragen zu lassen;

- dass in einer Abteilungssitzung in zwei Wochen darüber berichtet werden soll;

- und dass ein grosses Plakat im Kaffeeraum als Fortschrittsplakat aufgestellt wird, auf dem Zwischenschritte bei der Umsetzung der Massnahmen aufgelistet werden sollen.

Vier Wochen nach dem ersten Workshop traf sich das Team zu einer zweiten Sitzung, die mit der Frage begann: „Was ist in den letzten Wochen geschehen, das bereits in die Richtung unserer Zukunftsvorstellungen weist?"

6. Start der Abteilungssitzung

Ein Beraterteam, das Stellen suchende Kaderleute begleitet, startet seine wöchentliche Teamsitzung jeweils mit folgenden zwei Standardfragen:

- Welche Sternstunden habe ich in der letzten Woche bezüglich meiner Arbeit erlebt?

- Wie können wir diesbezügliche Erkenntnisse dazu nutzen, um unsere Beratungsqualität weiter zu optimieren?

7. Szenen aus der Retraite des Lehrerkollegiums eines Schulinternates

Der Morgen des ersten Tages der jährlichen Retraite steht unter dem Thema „Rückblick und Ausblick". Die Teamleiterin hat dazu auf ein grosses Blatt
Papier eine Skala von 1 bis 10 gezeichnet. Jede Lehrerin und jeder Lehrer
setzt nun einen Punkt auf den Wert der Skala, mit dem man seine momentane Befindlichkeit beschreiben würde. Einen zweiten Punkt setzen sie auf
den Wert, den sie gerne erreichen möchten. Mit einem dritten Punkt stellen sie eine Situation aus dem Schulalltag dar, in der sie sich eindeutig wohl-
er gefühlt haben als gerade jetzt (Highlight im letzten Jahr).

In Zweiergruppen tauschen sie sich nun zu folgenden Fragen aus:

— Was trägt dazu bei, dass ich mich bezüglich Wohlbefinden bereits auf
Punkt X befinde? Was noch?

— Was war genau anders bei meinem Highlight. Was habe ich dazu beigetragen?

— Was könnte ich tun, damit ich mich einen Schritt näher auf meinen
gewünschten Zustand zu bewege?

Als Abschluss hat die Teamleiterin einen eleganten persönlichen Auftrag formuliert. Sie bat jedes Teammitglied eine Prognose abzugeben, wo auf der Skala
es sich in vier Wochen befinden werde. Woran würden Sie es merken, dass
Sie auf dem prognostizierten Wert sein werden? Woran würden es die Kolleginnen und Kollegen merken?

Jedes Mitglied notierte sich seine Antworten auf diese Fragen und in vier Wochen wollten sie in einer regulären Lehrerkonferenz ihre Prognosen kontrollieren und austauschen.

10. Wann ist externe Beratung sinnvoll?

„Man kann niemanden etwas lehren,
man kann ihm nur helfen,
es in sich selbst zu entdecken"
Galileo Galilei

In gewissen Situationen kann es sinnvoll sein, einen Coach oder Berater hinzuzuziehen, um anstehende Probleme im Team zu lösen. Speziell in Konfliktsituationen, die den Vorgesetzten persönlich betreffen, ist es für alle entlastender, wenn eine externe Person zur Workshopmoderation gebeten wird. So kann gerade in der Anfangsphase jemand von ausserhalb das Team unterstützen, Konflikte klären oder einschneidende Veränderungsprozesse anzugehen. Hier kann ein externer Coach Sicherheit vermitteln. Im Laufe der Zeit fällt es dem Team einfacher, mit den eigenen Schwierigkeiten selbst fertig zu werden – den Problemfokus mehr und mehr zu verlassen.

Verschiedene leistungsstarke Teams ziehen auch einen Coach ihres Vertrauens ein- oder zweimal im Jahr bei, um die inneren Vorgänge aus einer anderen Perspektive kennen zu lernen und weitere Entwicklungsschritte zu konkretisieren.

Generell kann gesagt werden, dass ein externer Coach eingesetzt werden kann,

*   um einen (Veränderungs-) Prozess zu starten;
*   wenn Leiter und Mitglieder nicht imstande sind, gleichzeitig den Prozess zu steuern und an ihm teilzuhaben;
*   wenn schwierige oder peinliche Konflikte zu lösen sind, in denen die Leitung eine wichtige Rolle spielt;
*   bei sehr hoher Betroffenheit aller Beteiligten;
*   wenn Probleme auftauchen, für die das Team keine Lösung sieht;
*   wenn mit grosser Regelmässigkeit immer wieder dieselben Probleme auftauchen;
*   um die Teamleitung zu entlasten;
*   um von Zeit zu Zeit Fortschritte von aussen zu beleuchten.

Was kann ein externer Coach leisten?

Kein Coach kann ein Team erfolgreich machen! Das muss es schon alleine fertig bringen.

Gegenstand seiner Coachingtätigkeit ist nicht der Inhalt der Arbeit eines Teams, sondern der Prozess der Zusammenarbeit zwischen den Mitgliedern. Er stellt den Rahmen zur Verfügung, damit alle miteinander und zielorientiert ins Gespräch kommen.

Wichtige Leistungen des Coachs

- Viele zielbringende Fragen stellen.
- Beobachten, was während der Arbeit zwischen den Teammitgliedern passiert.
- Neue Sichtweisen ermöglichen.
- Mit dem Team zusammen Ziele konkret definieren.
- Massnahmen und Interventionen auswählen, die geeignet sind, damit das Team seine Ziele auf dem bestmöglichen Weg erreicht.
- Prüfen, ob sich das Team auf dem Weg zur massgeschneiderten Lösung befindet.
- Zum Denken in neuen Mustern anregen.

Ein Coach wird keinesfalls

- die Führung übernehmen, sondern der Leitung und jedem Mitglied hilfreich zur Seite stehen;
- der Gruppe Fehler zum Vorwurf machen, sondern ihr helfen, Stärken zu entdecken;
- Entscheidungen für das Team treffen, sondern ihm den Weg dazu ebnen;
- sich in die inhaltliche Arbeit einmischen;
- das Team von sich abhängig machen, sondern dafür sorgen, dass es von äusserer Hilfe unabhängig wird.

Ein guter Coach besitzt die Fähigkeit, sich mit viel Fingerspitzengefühl in den Dienst des Teams zu stellen. Er kann seine vielfältige Erfahrung, sein Fachwissen und seine Lösungsorientierung anbieten; und diese Fähigkeiten und Erfahrungen sind es, die das Team eingekauft hat. In manchen Phasen kann ein Aussenstehender wertvolle Dienste bei der Bewältigung von turbulenten Situationen leisten. Letztendlich muss jedes Team die erforderliche Leistungsfähigkeit und Vitalität aber aus sich selbst hervorbringen.

11. Anhang

1. Verlaufsplanung eines eintägigen Teamworkshops

Die 12 Kaderleute eines deutschen Kleinunternehmens trafen sich für eine gemeinsame
Klausurtagung zum Thema „Effizienzsteigerung in der Zusammenarbeit". Speziell ging es um
die Verbesserung der internen Abläufe sowie um die effizientere Gestaltung der gemeinsamen Sitzungen. Die Klausur wurde vom Personalverantwortlichen geleitet und moderiert.
Nachfolgend seine Verlaufsplanung, die in dieser Art funktioniert hat.

Zeit	Titel	Aktivität	Bemerkungen
08:30h	**Rahmen klären:** Vorstellung, Ressourcenmarkt	– Nochmals klären, wie es zu dieser Klausurtagung gekommen ist. – Einstieg: Welche Ressourcen sind vorhanden: Je Teilnehmer A nennt erwähnenswerte Stärke/ Fähigkeit von Teilnehmer B.	Personalverantwortlicher
08:40h	Verlauf klären	Zeitrahmen, Pausen, Vorgehensweise klären.	Zukunfts- und lösungsorientiert arbeiten!
08:50h	**Ziele / Erwartungen**	Zielvorstellungen sammeln an Flip: Was müsste heute geschehen, damit es sich…. Oberthemen für die genannten Ziele finden - wenn möglich und wenn nötig.	auf Flip sammeln gut nachfragen, auf Handlungsebene bringen.

149

09:20h	**Scaling Dance**	Skala am Boden markieren: Wo stehe ich jetzt im Moment bezgl. meiner/unserer Ziele?	
		Ist das ein guter Ort? Wo müsste ich stehen, damit ich zufrieden wäre? Wo können wir heute realistischerweise hinkommen?	
		In Vierergruppen: Was macht es aus, das ich doch schon auf einer X stehe? Was funktioniert also schon gut? Welche Ressourcen lassen sich davon ableiten?	Gruppenarbeit Ergebnisse auf Flip-chart festhalten
10:00h	Pause		
10:15h	Scaling Dance	Präsentation im Plenum	Zurückfragen, bestärken, Unterschiede klar machen....
11:15h	**Kurzinput**	„Wie Veränderungen gut gelingen" Kurzer Input nach dem Modell von J. Olalla **Wille** eine Sache anzugehen x Anziehungskraft der **Zielvorstellung** x Zuversicht in die **Machbarkeit** x Klarheit über konkrete **Schritte** muss grösser sein als der **Aufwand für die Veränderung**	(Wenn es an dieser Stelle passt)
11:45h	**Apéro Mittagessen**		

13:30h	**Futur Perfekt**	Wenn wirklich optimal gelingt: - Was ist dann anders? - Was werde ich anders tun? - Woran werden es Leute im engen Umfeld merken? Was werden sie sagen?	Einzelarbeit
13.45h	**Futur Perfekt**	Zusammentragen, austauschen, auf Flip sammeln	In 4 er Gruppen (Ev. wenn schönes Wetter: gemeinsamer Lösungsspaziergang)
14:25h	**Futur Perfekt**	Vorstellen im Plenum und gewichten: welches sind die wirklich attraktivsten Punkte überhaupt?	Nachfragen, staunen
15:30h	**Pause**		
15:45h	**Massnahmen**	Ideen sammeln, die das Team einen kleinen Schritt weiter in Richtung Futur Perfekt bringen könnten.	Flip sammeln. Nachfragen Was tut jeder genau? Woran merken es die anderen?
16:15h	**Zwischenstopp**	Sind wir auf Kurs? Was wäre noch wichtig? Wie sieht's mit den Zielen aus? Was wäre jetzt noch hilfreich?	
16:30h	**Prozess in Gang halten**	Vorstellen der Skalierung in der gemeinsamen Sitzung: regelmässig 10 Minuten am Schluss.	An Skala der Zuversicht für Veränderung zeigen.
16:45h	Nächste organisatorische Schritte	Gemeinsam definieren: nächstes Treffen, Kommunikation der Ergebnisse, ...	
	Beobachtungsauftrag		Aus dem Tagesverlauf heraus formulieren: Was fiel mir auf?
17:15	Schluss		(spätestens)

151

2. Grobstruktur eines Teamcoachings

Die Abteilung der Steuerverwaltung einer grösseren Schweizer Stadt hatte mit internen „atmosphärischen Störungen" zu kämpfen. Das sechsköpfige Frauen-Team erbrachte zwar ausgezeichnete Leistungen, die Arbeitsatmosphäre jedoch erlebten die meisten als recht mies. Dieses Team zog einen externen Coach bei, der das Vorgehen folgendermassen strukturierte:

Grobplanung Teamcoaching

1. Workshop 4 h mit anschliessendem Essen	– Rahmen klären, Spielregeln der Zusammenarbeit – Ziele formulieren und konkretisieren – Brennpunkte bestimmen, Interessengruppen bilden – Scaling Dance: Standortbestimmung – Futur Perfekt in Interessengruppen – Erste kleine Schritte formulieren – Beobachtungsauftrag
Telefoninterview 3 Wochen nach dem ersten Workshop	Telefoninterview mit jedem Teammitglied (je 20 Minuten): – Welche positiven Veränderungen sind bemerkbar? – Welche ersten Erfolge sind zu verzeichnen? – Was haben Sie dazu beigetragen? – Was könnte helfen auf diesem Weg weiterzugehen? – Skaliereung: Stand vor dem ersten Workshop – Stand heute? Was macht den Unterschied aus?
2. Workshop ca. 2 Wochen nach Telefoninterviews Dauer: 4 h	– Sternstunden der letzten 2 Wochen? – Scaling Dance: Stand heute, Erfolgsrezepte – Weitere Massnahmen formulieren. – Zwischenstopp: Was braucht das Team noch? – ...

3. Auftragsklärung für externe Coachs: vom Kontakt zum Kontrakt

Das Telefon klingelt und eine Interessentin fragt an, ob wir ihr helfen können. Sie sucht einen externen Coach um mit ihrem Team einen Workshop zu gestalten. Oft beginnt es so. Ein erster Kontakt wird geknüpft und daraus soll eine Vereinbarung über die Zusammenarbeit entstehen.

Wenn ein externer Coach in ein Team gebeten wird, begegnet er einer ganz neuen Welt: Er kennt weder die Akteure noch ihre Vorgeschichte noch ihre Art zu arbeiten und zu kommunizieren. Er weiss kaum etwas über das Umfeld oder über bisherige Anstrengungen, die das Team zur Lösungsfindung unternommen hat. Auch nach dem besten Vorgespräch wird noch vieles im Dunkeln bleiben. Es hat sich darum bewährt, weniger Gewicht auf die Problemanalyse zu verwenden, sondern möglichst schnell und sehr konkret die Ziele der Zusammenarbeit zu fokussieren. Wichtig ist, dass sich Auftraggeber und Coach im Bereich der Aufgabenstellung des Coachings sehr präzise verstehen. Auftraggeber haben unterschiedlich konkrete Vorstellungen davon, welche Verbesserungen sie nach der Arbeit mit dem externen Coach erwarten: Oft wissen sie genau, in welchen Bereichen sie sich Unterstützung wünschen – oftmals aber auch nicht.
So sind lösungsentwickelnde Fragen auch beim Gespräch zur Auftragsklärung äusserst effektiv. Sie dienen einerseits der Informationsgewinnung und der genauen Klärung der Ziele. Gleichzeitig wird neues Wissen geschaffen: Es entstehen nicht nur neue Informationen für den, dem die lösungsentwickelnden Fragen gestellt werden, sondern auch für den Zuhörer.

Fragetypen beim Erstgespräch

Lösungsentwickelnde Fragen
* Was möchten Sie entwickeln? / Was ist Ihr Ziel?
* Woran würden Sie erkennen, dass die Beratung erfolgreich war?
* Welchen Gewinn hätten Sie/andere von einer erfolgreichen Beratung?

- Wenn dieses Coaching sehr erfolgreich wäre, was wäre dann genau anders? Was noch?
- …

Einfache Fragen zum Auftraggebersystem
- Was ist der Anlass für dieses Coaching?
- Wie geht es dem Unternehmen generell?
- Wie sieht sein Organigramm aus?
- Wofür ist dieses Team zuständig?
- …

Ressourcen-Fragen
- Was hat das Team in den letzten Monaten erfolgreich geleistet?
- Was würde(n) ein anderes Team/andere/Kunden sagen, welche besondere Stärke dieses Teams besitzt?
- Was schätzen Sie besonders an Ihrem Team?

Zirkuläre Fragen
- Was glauben Sie, wie denkt Ihr Chef über Ihre Abteilung?
- …

Fragen zur Allparteilichkeit
- Welche Rolle haben Sie dem Berater/Coach zugedacht?
- Wie könnte es dem Coach gelingen, seine Allparteilichkeit zu verlieren?
- …

Sternstunden
- Wann war es schon besser?
- Was war in den besseren Zeiten anders?
- …

Stolpersteine bei der Auftragsklärung

Manchmal geht es schneller als erwartet und baut nicht gerade auf: ein Vorgespräch, das misslingt. Dazu ein paar „gute" Ratschläge, was Sie dazu beitragen können:

- Den Expertenblick aufsetzen und sofort wissen, was für den Kunden gut ist.
- In der erstbesten Minute das eigene Konzept anpreisen.
- Sich nicht die ausdrückliche Erlaubnis holen, den Kunden Fragen zu stellen.
- Das Gespräch einfach laufen lassen.
- Den Zeitdruck des Gesprächspartners aufnehmen und sich selbst unter Druck setzen.
- Erfolgsgarantien geben und Erfolgsverantwortung übernehmen.
- Mit hoher Geschwindigkeit vorgehen.
- Nicht auf das eigene Körpergefühl achten.
- Das Gespräch beenden und im Unklaren sein, wie beide Seiten verbleiben.
- Das Honorar nicht klären.
- Der Kunde bestimmt das Design des Workshops oder gestaltet es massiv mit.
- Viel Gepäck zum Erstgespräch anschleppen, wie etwa drei Ordner mit Präsentationsmaterial, Notebook, Beamer, zig Meter Kabel, einen imposanten Pilotenkoffer ...

Kennen Sie weitere Möglichkeiten?

(Quelle: W. Geisbauer, ReTeaming-Handbuch)

Das ideale Vorgespräch

Das ideale Vorgespräch wird es wohl kaum geben, denn jeder Kunde ist anders und jedes Auftragsklärungsgespräch wird anders verlaufen. Wichtig dabei ist, dass der Coach während des Gespräches bezüglich des Auftrages die Orientierung behält. Dazu ist die Aufteilung des Gesprächs in folgende Gesprächsphasen hilfreich.

A) Einstieg und Situationsklärung

In dieser Phase hat der Kunde das Wort. Der Coach fragt nach, notiert sich die wesentlichen Informationen und versucht, sich auf den Kunden einzustellen.

B) Interview

Diese Phase leitet der Coach ein, indem er den Kunden fragt, ob er zum Auftrag noch einige Fragen stellen darf. Folgende Punkte können hier geklärt werden:

*   Mögliche Klärung des Kontextes (Aufgabenbereiche des Teams, Organigramm etc.)
*   Lösungsentwickelnde Fragen (Zielklärung, Ressourcen etc.)

C) Was möchte der Auftraggeber vom Coach wissen?

In dieser Phase kann der Coach dem Auftraggeber die Möglichkeit geben, ihn nach Ausbildung, Erfahrungen, Kundenreferenzen etc. zu fragen.

*   Was möchten Sie von mir noch wissen?
*   Habe ich etwas Wichtiges vergessen?

D) Klärung der organisatorischen Fragen

*   Wer muss zum Workshop eingeladen werden?
*   Wie wird das Team informiert?
*   Wie oft treffen wir uns für wie lange? Wann zum ersten Mal? Wo?
*   Honorarklärung

E) Klärung der nächsten Schritte

*   Wer ist wofür zuständig? Welches sind die nächsten Schritte?

Checkliste zur Auftragserklärung

- Ist das Ziel des Auftraggebers klar formuliert und beidseitig akzeptiert?

- Welche Gewinne erwartet der Auftraggeber von einer erfolgreichen Beratung?

- Ist die Rolle des Coachs klar?

- Gibt es eindeutige Erfolgskriterien für das Coaching?

- Welche Ressourcen des Teams sind bekannt?

- Welche Leistungen hat das Team schon erfolgreich erbracht?

- Welche Lösungsversuche wurden bisher von den Kunden unternommen?

- Wurde den Kunden dafür vom Coach Anerkennung gegeben?

- Ist der Arbeitsrahmen fixiert (Zeit, Dauer, Termine ...)?

- Wie werden die Betroffenen (Team) über die Beratung informiert?

- Ist das Honorar klar?

- Fühlt sich der Coach autonom in Bezug auf den Auftraggeber und das zu beratende Team?

- Liegt eine schriftliche Auftragsbestätigung inklusive Akzeptanz der AGB (Storno- und Spesenregelung) vor?

- Ist der Auftrag so weit geklärt, dass der Coach mit produktiver Spannung, mit Lust und Neugier zu arbeiten beginnt?

- Hat der Coach für sich geklärt, was er aus diesem Auftrag lernen möchte?

12. Schlusswort und zum Dank ein kleines Abschlussspiel

Das Ende dieses Werkstattbuches ist gleichzeitig ein neuer Anfang: der Anfang Ihrer einzigartigen und sehr persönlichen Anwendung der einzelnen Elemente des SolutionCircles, der Beginn Ihres SolutionSurfing.

Die Herausforderung für Sie als Führungskraft besteht darin, aus der vielleicht gewohnten Führungsrolle herauszutreten und etwas Neues zu probieren. Die Kompetenz im Umgang mit den lösungsentwickelnden Werkzeugen braucht Neugierde für Situationen im Alltag, in denen Sie diese Werkzeuge einsetzen können und – es braucht etwas Übung.

Beginnen Sie gleich heute, vielleicht mit einigen der einfachen lösungsentwickelnden Fragen und schauen Sie, welche davon funktionieren. So gewinnen Sie Schritt für Schritt mehr Sicherheit und Gelassenheit. Ich bin überzeugt, dass Sie dabei viele kleinere und grössere Erfolgserlebnisse haben werden und einen entscheidenden Beitrag zur Teamperformance leisten können.

Zum Dank ...

Ich weiss nicht, ob es möglich ist, ganz alleine ein Buch zu schreiben. Ich jedenfalls war froh über die Unterstützung und Begleitung von verschiedenen Menschen. So durfte ich auf die Erfahrung und das Wissen verschiedener lösungsorientierter Menschen zurückgreifen: Auf Insoo Kim Berg, Steve de Shazer, auf Sonja Radatz oder Jürgen Hargens, Ben Furman, Gunther Schmidt oder auch Tim Gallwey. Ihre Bücher, Artikel und ihre Seminare haben mir das Vertrauen gegeben, den Weg weiterzugehen und dieses Buch fertig zu stellen. Allen voran möchte ich Peter Szabó danken, der mir nach langem Suchen die Tür zu dieser neuen Arbeitsweise geöffnet hat und mich mit seinem unglaublichen Vertrauen unterstützte. Aber auch Kati Hankovszky, Philipp Oechsli, Kirsten Dierolf, Felix Hirschburger, Holger Hoffmann-Riem und Romi Staub möchte ich an dieser Stelle für ihre Unterstützung danken.

Jörg Meier hat mich als Schreibcoach begleitet. Um seine kritischen, feinfühligen und detailgenauen Rückmeldungen war ich sehr froh. Und da stehen noch Barbara, Till und Res, die mir den Raum für die intensiven Schreibphasen gewährt haben. Danke euch allen!

... ein Abschlussspiel

Gerne hinterlasse ich Ihnen ein kleines Spiel zum Abschluss. Sie benötigen zwei kleine Gegenstände, wie Münzen oder Holzperlen – und etwas Neugierde. Ich setze dieses Spiel oft in Seminaren ein, weil es nicht nur Spass macht, sondern vielleicht auch eine Grundfähigkeit aufzeigt, die sich als sehr hilfreich beim SolutionSurfing zeigt. Viel Spass!

Anna jagt Mo (Ein Weg zu mehr Gelassenheit)

Ziel:
Anna hat gewonnen, wenn sie Mo vor ihrem 7. Spielzug fangen kann, indem sie den Platz besetzt, den Mo besetzt hat.

Regeln:
1: Anna macht den ersten Zug. 2: Anna und Mo ziehen abwechselnd. 3: Anna und Mo dürfen nur von ihrem Platz entlang einer ausgezogenen Linie auf einen benachbarten Platz ziehen. 4: Weder Anna noch Mo dürfen springen.

Merke:
Mo hat in diesem Spiel keine Chance – Voraussetzung dafür ist allerdings, dass Anna sich intelligent verhält.
(Falls Sie die Lösung dazu suchen: Sie finden sie auf **www.solutionsurfers.com**. Dort ist ebenfalls ein Austauschforum eingerichtet. Ich bin gespannt auf Ihre ersten Erfolgserlebnisse, auf Fragen, Ergänzungen und Anregungen zum SolutionCircle.)

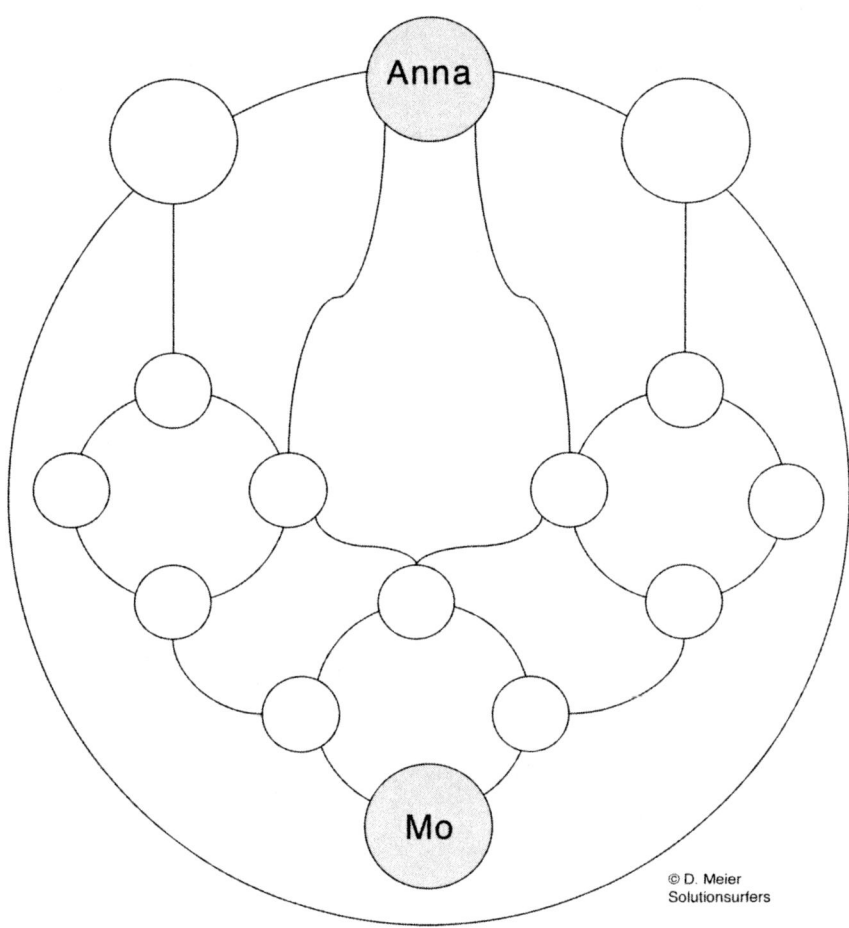

© D. Meier
Solutionsurfers

13. Über den Autor

Daniel Meier

Daniel Meier (1963) ist verheiratet und hat zwei Söhne. Nach seiner Lehrerausbildung hat er sich in Spielpädagogik, Erwachsenenbildung (Dipl.-Erwachsenenbildner, AEB Luzern) und in General Management (WWZ UNI Basel) weitergebildet. Er hat mehrere Jahre in verschiedenen Teams gearbeitet und Teams geführt. Er coacht seit 2001 Führungskräfte, Teams und Organisationen in komplexen Entwicklungsprozessen, immer auf der Suche nach massgeschneiderten Lösungen. Er ist Ausbilder von Coaches und Referent zum Thema Coaching an Instituten, Hochschulen und an Fachkongressen im In- und Ausland.

Daniel Meier ist zudem Mitgründer der **SolutionSurfers®,** einem Zusammenschluss von professionellen Coachs, die sich mit der Frage beschäftigen, wie in Unternehmen leichter und effizienter gearbeitet und gelernt werden kann. SolutionSurfers verstehen die Welt als herausfordernde und spannende Lern- und Entwicklungslandschaft und sich selbst als Lotsen für zielgerichtetes, lustvolles und spannendes Lernen und Arbeiten. Sie beraten in diesen Fragen die Unternehmen, unterstützen Teams, bieten offene Seminare an und entwickeln wirkungsvolle und praxisnahe Instrumente dazu. Weitere Informationen finden Sie unter:

www.solutionsurfers.com
d.meier@solutionsurfers.com

14. Literaturhinweise
Bücher und Publikationen

De Jong, Peter / Berg, Insoo Kim

Lösungen (er-)finden – Das Werkstattbuch der lösungsorientierten Kurztherapie

(1998) verlag modernes lernen, Dortmund, ISBN 3-8080-0398-7

von Foerster, Heinz / Pörksen, Bernhard

Die Wahrheit ist die Erfindung eines Lügners. Gespräche für Skeptiker

(1998) Heidelberg: Carl-Auer-Systeme Verlag, ISBN 3-89670-214-9

Furman, Ben / Ahola, Tapani

Die Zukunft ist das Land, das niemandem gehört

(2001) Klett-Cotta, Stuttgart, ISBN 3-608-94345-5

Furman, Ben

Es ist nie zu spät, eine glückliche Kindheit zu haben

(2001) borgmann publishing GmbH, ISBN 3-86145-173-5

Gallwey, Tim

Erfolg durch Selbstcoaching

(2002) BW Verlag Nürnberg, ISBN 3-8214-7613-3

Mit der *Inner-Game-Methode* zu mehr Balance im Beruf

Glaserfeld, E. v. u. a.

Einführung in den Konstruktivismus

(2002) Verlag Pieper GmbH München, ISBN 3-492-21165-8

Hargens, Jürgen

Erfolgreich führen und leiten, das will ich auch können ...

(2001) borgmann publishing GmbH, Dortmund, ISBN 3-86145-228-6

Jackson, Paul Z. / McKergow, Mark
The Solutions Focus
The SIMPLE Way to positive change
(2002) Nicholas Brealey Publishing, London,

Loistl, Otto
Chaos – zur Theorie nichtlinearer dynamischer Systeme
(1996), Oldenburg R. Verlag GmbH, ISBN 3-486-23813-2

Mussmann, Dr. Carin / Zbinden, Dr. Reto:
Lösungsorientiert Führen und Beraten
(2003) KV Zürich, ISBN 2-906607-3

Pörksen, Bernhard (Hrsg.)
Abschied vom Absoluten
(2001), Carl Auer System Verlag Heidelberg, ISBN 5-140-61080-9
Gespräche mit Heinz von Foerster, Humberto R. Maturana u. a.

Radatz, Sonja
Beratung ohne Ratschlag
Systemisches Coaching für Führungskräfte und BeraterInnen.
(2000), Institut für Systemisches Coaching und Training, Wien, ISBN 3-902155-00-0

Rauen, Christopher
Coaching
(2003) Hogrefe/BRO, ISBN 3-8017-1478-0

Schreyögg, Astrid
Coaching, Einführung für Praxis und Ausbildung
(1996) Campus, Frankfurt, ISBN 3-593-37332-7

de Shazer, Steve
Der Dreh
(2004) Carl Auer System Verlag, ISBN 3-89670-275-0

164

Staub, Romi

Coaching ... und Veränderungen gehen viel einfacher

Welche Chancen öffnet ein Coaching? Wie führt es zu Lösungen und wo liegen seine Grenzen?

(2002) Fachpublikation HRM-Dossier, Verlag SPEKTRAmedia, Zürich

Szabó, Dr. Peter

Strategie-Umsetzung und Coaching: Lösungen für nicht-quantifizierbare Handlungskompetenzen" in INDEX Betriebswirtschaft 2/2003 S. 24 ff.

Szabó, Dr. Peter

„About solutions-focused scaling: 10 minutes for performance and learning" in ORGANISATIONS AND PEOPLE, AMED Journal, November 2003.

Watzlawick, Paul

Wie wirklich ist die Wirklichkeit?

(1978), Serie Piper, ISBN 3-492-10174-7

Whitmore, John

Coaching für die Praxis

(1996) campus, Frankfurt, ISBN 3-453-11749-2

zur Bonsen, Matthias / Maleh, Carol

Appreciative Inquiry (AI): Der Weg zu Spitzenleistungen

(2001) Beltz Verlag – Weinheim und Basel

Links im Internet

SolutionSurfing

www.solutionsurfers.com

Seminare und weitere Werkzeuge zur lösungsfokussierten Arbeit in Management und Beratung

Systemisch – lösungsorientierte Kurzzeitberatung

www.thesolutionsfocus.com

Lösungsorientierte Anwendungen im Wirtschaftsumfeld mit vielen weiteren Links weltweit. Englische Website von Mark McKergow und Paul Z. Jackson (GB)

www.isct.net

Institut für Systemisches Coaching und Training von Sonja Radatz.

www.solution-focused-management.com

Website von Louis Cauffmann mit wertvollen Hintergrundinformationen und Anwendungsbeispielen.

www.brief-therapy.org

Hintergrundinformation, Bücher und Videos zur lösungsorientierten Kurzzeitberatung. Englische Website von Insoo Kim Berg und Steve de Shazer.

Inner Game Coaching

www.theinnergame.com

Website von Tim Gallwey, mit Infos über seine Bücher.

Coaching allgemein

www.coaching-point.ch

Coaching-Portal für die Schweiz mit vielen aktuellen Infos.

www.coachingreport.de

Übersichtliches und umfassendes Portal für den deutschsprachigen Raum, mit Definitionen und Anwendungsfeldern.

www.coachfederation.org

Website der ICF (International Coach Federation) mit Links zu Coachs in der ganzen Welt und Hinweisen auf die ICF-Zertifizierung und internationale Konferenzen.

Lösungsorientierte Coachingausbildung in der Schweiz

www.weiterbildungsforum.ch

Skaleboard® – endlich ein Coachingtool zum Anfassen

Wer systemisch-lösungsorientierte Skalenfragen im Coachinggespräch gerne einsetzt, wird an diesem greifbaren Werkzeug seine Freude haben. Auf einer Metallplatte stehen parallel 5 neutrale Skalen zur Verfügung sowie 10 farbige Magnetknöpfe, um relevante Skalenwerte festzuhalten bzw. frei zu verschieben. Coaching-Gespräche erhalten dadurch eine sensomotorische 3. Dimension. Die Tatsache, Skalen aktiv gestalten zu können, steigert die Konzentration und das Vertrauen von KundInnen in ihre eigene Wahrnehmung und regt dazu an, durch Handeln nützliche Realitäten zu konstruieren. Der bereits zurückgelegte Weg wird sichtbar, wichtige Unterschiede in der erwünschten Zukunft werden fassbar und konkrete nächste Schritte machbar.

Das Instrument lässt sich ebenso leicht mit Einzelpersonen wie mit Teams einsetzen. Das Paket enthält auch einen Block mit Skalenblättern zum schriftlichen Festhalten sowie vielfältige Anregungen für den Gebrauch des Skaleboard.

Infos und Bestellung:

www.solutionsurfers.com